高等学校土木工程专业"十三五"系列教材

高校土木工程专业应用型本科推荐教材

土力学与基础工程

熊甜甜　周　玲　主　编

中国建筑工业出版社

图书在版编目（CIP）数据

土力学与基础工程/熊甜甜，周玲主编. —北京：中国建筑工业出版社，2019.9（2023.12重印）
高等学校土木工程专业"十三五"系列教材 高校土木工程专业应用型本科推荐教材
ISBN 978-7-112-24065-4

Ⅰ. ①土… Ⅱ. ①熊… ②周… Ⅲ. ①土力学-高等学校-教材②基础（工程)-高等学校-教材 Ⅳ. ①TU4

中国版本图书馆 CIP 数据核字（2019）第 167730 号

本书根据高等学校土木工程专业的培养要求和目标，结合土力学与基础工程学科近年来的发展以及应用型本科院校教学的实际情况编写。全书共分 8 章，包括土的物理性质与工程分类、土中应力及变形、土的抗剪强度、土压力计算、工程地质勘察、天然地基上的浅基础设计、桩基础、地基处理。

本书由浅入深、概念清楚、层次分明、重点突出、理论联系实际，并适当吸取了国内外比较成熟的新理论、新技术。本书既可作为应用型本科院校土建、交通、地质、冶金、石油、农业、林业等相关专业的教材或教学参考书，还可供工程技术人员参考使用。

为了更好地支持本课程教学，本书作者制作了教学课件，有需求的读者可以发送邮件至 2917266507@qq.com 免费索取。

* * *

责任编辑：聂 伟 王 跃
责任校对：张惠雯 赵 菲

高等学校土木工程专业"十三五"系列教材
高校土木工程专业应用型本科推荐教材

土力学与基础工程

熊甜甜 周 玲 主编

*

中国建筑工业出版社出版、发行（北京海淀三里河路 9 号）
各地新华书店、建筑书店经销
霸州市顺浩图文科技发展有限公司制版
建工社（河北）印刷有限公司印刷

*

开本：787×1092 毫米 1/16 印张：11 字数：270 千字
2020 年 5 月第一版 2023 年 12 月第四次印刷
定价：**29.00** 元（赠课件）
ISBN 978-7-112-24065-4
（34558）

前　　言

"土力学与基础工程"是高等学校土木工程专业的必修课。本书根据高校土木工程专业的培养要求和目标，结合土力学与基础工程学科近年来的发展以及应用型本科院校教学的实际情况编写。通过学习本书，学生应掌握土中的基本物理性质，土中应力，土的变形和强度，土压力的基本知识点、基本原理和基本技能，具备从事基础设计和基础识图的能力，掌握地基处理和工程地质勘察的方法。

本书依据《高等学校土木工程本科指导性专业规范》及现行标准、规范编写。

全书共分 8 章，包括土的物理性质与工程分类、土中应力及变形、土的抗剪强度、土压力计算、工程地质勘察、天然地基上的浅基础设计、桩基础、地基处理。本书内容简明扼要、重点突出、图文并茂，在强调基本原理应用的同时，加强分析与处理具体问题的能力。

本书由西安思源学院熊甜甜和周玲担任主编。参加编写的还有西安思源学院的许雯、高晨珂、鲁信堂、崔浩、安璐。具体编写分工为：许雯编写第 1、5 章，周玲编写第 2、8章，安璐、高晨珂编写第 3、4 章，熊甜甜编写第 6 章，崔浩编写第 7 章，鲁信堂编写第8 章。本书由熊甜甜负责统稿。

在编写中参阅了相关教材和论著，同时还得到了西安思源学院和中国建筑工业出版社大力支持，谨此向西安思源学院、中国建筑工业出版社和付润生高工以及相关文献的作者致以诚挚的谢意。

由于编者水平所限，书中难免有欠缺之处，敬请读者惠予指正。

目　　录

第1章 土的物理性质与工程分类

【**教学目标**】 掌握土的物理性质和工程力学性质及其变化规律；掌握土体的三相组成及三相比例指标之间的换算；掌握土的物理性质指标的测定方法和指标间的相互转换；掌握无黏性土密实度概念、判别方法及砂土相对密实度的计算；掌握无黏性土和黏性土的分类依据和分类方法。

1.1 土的成因与组成

1.1.1 土的成因

土是组成地壳表层的主要物质，是在内外动力地质作用下处于岩石、土相互转变轮回中某一阶段的产物。

除了火山灰及部分人工填土外，土的组成物质主要来源于岩石的风化产物。根据土的地质成因，可划分为残积土、坡积土、洪积土、冲积土、淤积土、冰积土和风积土等。下面简单介绍部分土的主要成因。

1. 残积土

残积土是岩石完全风化后残留在原地的土。

残积土在形成的初期，上部的颗粒较细、下部颗粒粗大，但由于后期雨水或雪水的淋滤作用，细小碎屑被带走，形成杂乱的堆积物。土颗粒的粗细取决于母岩的岩性，可以是粗大的岩块，也可能是细小的碎屑。由于未经过搬运，其颗粒具有明显的棱角状，无分选，无层理。

2. 坡积土

坡积土是山坡上方的风化碎屑物质在流水或重力作用下运移到斜坡下方或山麓处堆积形成的土。

坡积土的颗粒一般具有棱角，但由于经过一段距离搬运，往往成为亚角形，由于未经过良好的分选作用，细小或粗大的碎块往往夹杂在一起。在重力和水力冲力的作用下，较粗大的颗粒一般堆积在紧靠斜坡的部位，而细小的颗粒则分布在离斜坡稍远的地方。

3. 洪积土

洪积土是山区高地上的碎屑物质由暂时性洪流携带至沟口或沟口外平缓地带堆积形成的土。

洪积土的颗粒具有一定的分选性：离山区或高地较近的地方，洪积土的颗粒粗大，碎块多呈亚角形；离山区或高地较远的地方，洪积土的颗粒逐渐变细，颗粒形状由亚角形逐渐变成亚圆形或圆形；在离山区或高地更远的地方，洪积土中则往往有淤泥等细颗粒土分布。由于每次暂时性水流的搬运能力不等，在粗大颗粒的孔隙中往往填充了细小颗粒，而在细小颗粒层中有时会出现粗大的颗粒，粗细颗粒间没有明显的分界线。

4. 冲积土

冲积土是碎屑物质经河流搬运后在河谷地势较平缓地带或河口地带沉积形成的土。

根据其成因条件冲积土可分为山区河谷冲积土、平原河谷冲积土和三角洲冲积土。

山区河谷冲积土：主要由卵石、碎石等粗颗粒组成，分选性较差，颗粒大小不同的砾石相互混杂，组成水平排列的透镜体或不规则的夹层，厚度一般不大。

平原河谷冲积土：冲积土的颗粒形状一般为亚圆形或圆形，搬运距离越长，颗粒的浑圆度越好。河流上游的冲积土一般颗粒粗大，下游的冲积土颗粒逐渐变细。

三角洲冲积土：是经河流搬运的大量细小碎屑物质在河流入海或入湖处沉积形成的土。土中的颗粒较细小且含量大，常有淤泥分布，土呈饱和状态。三角洲冲积土的顶部经过长期的压实和干燥，多形成所谓的硬壳层。

1.1.2 土的组成

土由固体颗粒、液体水和气体三部分组成，称为土的三相组成。土中的固体矿物构成骨架，骨架之间贯穿着孔隙，孔隙中充填着水和空气，三相比例不同，土的状态和工程性质也不相同。

由此可见，研究土的工程性质，首先从最基本的、组成土的三相，即固体相、水和气体开始。

1. 土的固体颗粒

（1）粒组划分

自然界中的土都是由大小不同的土颗粒组成的，土颗粒的大小与土的性质密切相关。可将土中各种不同粒径的土粒按照适当的范围分为若干粒组，各粒组的性质随分界尺寸的不同而呈现出一定质的变化。划分粒组的分界尺寸称为界限粒径，根据《土的工程分类标准》GB/T 50145—2007 规定，土的粒组可按照表 1-1 划分。

土的粒组划分   表 1-1

粒 组	颗 粒 名 称		粒径 d 的范围(mm)
巨粒	漂石(块石)		$d>200$
	卵石(碎石)		$60<d\leqslant200$
粗粒	砾粒	粗砾	$20<d\leqslant60$
		中砾	$5<d\leqslant20$
		细砾	$2<d\leqslant5$
	砂粒	粗砂	$0.5<d\leqslant2$
		中砂	$0.25<d\leqslant0.5$
		细砂	$0.075<d\leqslant0.25$
细粒	粉粒		$0.005<d\leqslant0.075$
	黏粒		$d\leqslant0.005$

工程上采用的粒径级配分析方法有筛分法和水分法两种。

筛分法适用于颗粒大于 0.1mm（或 0.074mm，按筛的规格）的土。它是利用一套孔径大小不同的筛子，将事先称过重量的烘干土样过筛，称留在各筛上的重量，然后计算相应的百分数。

砾石类土与砂类土采用筛分法分类。

水分法（静水沉降法）：用于分析粒级小于 0.1mm 的土，根据斯托克斯（stokes）定理，球状的细颗粒在水中的下沉速度与颗粒直径的平方成正比。因此可以利用粗颗粒下沉速度快、细颗粒下沉速度慢的原理，把颗粒按下沉速度进行粗细分组。实验室常用比重计进行颗粒分析，称为比重计法。

（2）粒径级配曲线

将筛分法和比重计试验的结果绘制在以土的粒径为横坐标，小于某粒径的土质量百分数为纵坐标的图上，得到的曲线为土的粒径级配累积曲线，如图 1-1 所示。

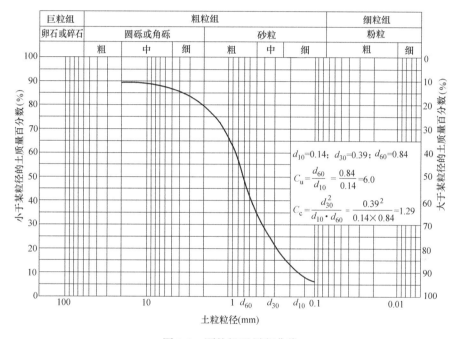

图 1-1　颗粒级配累积曲线

土的粒径级配累积曲线是土工上最常用的曲线，从该曲线上可以直接了解土的粗细、粒径分布的均匀程度和级配的优劣。

土的平均粒径（d_{50}）：指土中大于此粒径和小于此粒径的土的含量均占 50%。

土的有效粒径（d_{10}）：小于某粒径的土粒质量累计百分数为 10% 时，相应的粒径称为有效粒径（d_{10}）。

d_{30}：小于某粒径的土粒质量累计百分数为 30% 时的粒径用 d_{30} 表示。

土的控制粒径或限定粒径（d_{60}）：当小于某粒径的土粒质量累计百分数为 60% 时，该粒径称为控制粒径。

土的不均匀系数 C_u：$C_u = \dfrac{d_{60}}{d_{10}}$；土的粒径级配累积曲线的曲率系数 C_c：$C_c = \dfrac{d_{30}^2}{d_{60} \cdot d_{10}}$。

不均匀系数 C_u 反映大小不同粒组的分布情况。C_u 越大表示土粒大小的分布范围越大，颗粒大小越不均匀，作为填方工程的土料时，则比较容易获得较大的密实度。

曲率系数 C_c 描写的是累积曲线的分布范围，反映曲线的整体形状，或反映累积曲线的斜率是否连续。

在一般情况下：①工程上把 $C_u \leqslant 5$ 的土看作是均粒土，属级配不良；当 $C_u > 5$ 时，称为不均粒土。②经验证明，当级配连续时，C_c 的范围约为 $1 \sim 3$；因此当 $C_c < 1$ 或 $C_c > 3$ 时，均表示级配不连续。

从工程上看：$C_u \geqslant 5$ 且 $C_c = 1 \sim 3$ 的土，称为级配良好的土；不能同时满足上述两个要求的土，称为级配不良的土。

（3）土粒成分

土中固体绝大部分是矿物质，另外还有一些有机质，而土粒的矿物成分主要取决于母岩的成分及其所经受的风化作用。不同的矿物成分对土的性质有着不同的影响，其中以细粒组的矿物成分尤为重要。

细粒土主要由次生矿物构成，而次生矿物主要是黏土矿物，其成分与母岩完全不同，性质不稳定，具有较强的亲水性，遇水易膨胀，失水易收缩。常见的黏土矿物有蒙脱石、伊利石、高岭石，这三种黏土矿物的亲水性依次减弱。

2. 水（结合水、自由水）

（1）结合水

结合水是指受电分子吸引力吸附于土粒表面的土中水，这种电分子吸引力高达几千到几万个大气压，使水分子和土粒表面牢固地黏结在一起。按这种吸引力的强弱，结合水进一步可分为强结合水和弱结合水。

强结合水是指紧靠土粒表面的结合水膜，也称吸着水。它的特征为：无溶解能力，不受重力作用，不传递静水压力。

弱结合水是指紧靠于强结合水外围的一层水膜，故又称薄膜水。它仍不能传递静水压力，但水膜较厚的弱结合水能向邻近较薄的水膜缓慢转移，直到平衡。弱结合水的存在使土具有可塑性。

（2）自由水

自由水是存在于土粒表面电场影响范围以外的水。它的性质和正常水一样，能传递静水压力，冰点为 $0℃$，有溶解能力。自由水分为重力水和毛细水。毛细水是受到水与空气交界面处表面张力作用的自由水在重力或压力差作用下运动的自由水。

3. 气体

土中气体存在于土孔隙中未被水占据的部分。土中气体以两种形式存在，一种与大气相通，另一种则封闭在土孔隙中与大气隔绝。在接近地表的粗颗粒土中，土中孔隙的气体常与大气相通，它对土的力学性质影响不大。在细粒土中常存在与大气隔绝的封闭气泡，它不易逸出，因此增大了土的弹性和压缩性，同时降低了土的透水性。

对于淤泥和泥炭等有机质土，由于微生物的分解作用，在土中蓄积了甲烷等可燃气体，使土在自重作用下长期得不到压密，从而形成高压缩性土层。

1.1.3　土的结构

土颗粒之间的相互排列和连续形式，称为土的结构。

常见的土的结构形式有以下三种：

1. 单粒结构

粗颗粒土，如卵石、砂等。

2. 蜂窝结构

当土颗粒较细（粒径在 0.005～0.075mm 范围），在水中单个下沉，碰到已沉积的土粒，由于土粒之间的分子吸力大于颗粒自重，则被土粒吸引不再下沉，形成很大孔隙的蜂窝状结构。

3. 絮状结构

粒径小于 0.005mm 的黏土颗粒，在水中长期悬浮并在水中运动时，形成小链环状的土集粒而下沉。这种小链环碰到另一小链环时被吸引，形成大链环状的絮状结构，此种结构在海积黏土中常见。

上述三种结构中，以密实的单粒结构土的工程性质最好，蜂窝结构其次，絮状结构最差。后两种结构土不可用作天然地基。

1.2 土的物理性质指标

1.2.1 土的三相图

因为土是三相体系，不能用一个单一的指标来说明三相间量的比例关系，需要若干个指标来反映土中固体颗粒、水和空气之间量的关系。

在土力学中，通常用三相图来表示土的三相组成，如图 1-2 所示。

三相图的右侧表示三相组成的体积关系，左侧表示三相组成的质量关系。

1.2.2 土的基本指标

土的含水量、密度、土粒相对密度 3 个三相比例指标可由土工试验直接测定，称为基本指标，也称为试验指标。

1. 土的含水量（w）

土的含水量定义为土中水的质量与土粒质量之比，以百分数表示。

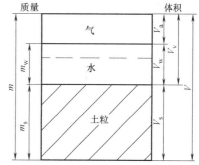

图 1-2 土的三相图

V—土的总体积；V_v—土的孔隙体积；V_s—土粒的体积；V_w—水的体积；V_a—气体的体积；m—土的总质量；m_s—土粒的质量；m_w—水的质量

$$w = \frac{m_w}{m_s} \times 100\% = \frac{m - m_s}{m_s} \times 100\% \tag{1-1}$$

含水量是标志土湿度的一个重要物理指标，一般采用烘干法测定。天然土层的含水量变化范围很大，它与土的种类、埋藏条件及其所处的自然地理环境等有关。同一类土，含水量越高，则土越湿，一般来说也就越软。

2. 土的密度 ρ 和重度 γ

单位体积内土的质量称为土的密度 ρ（g/cm³ 或 t/m³），单位体积内土所受的重量称

为土的重度 γ（kN/m^3）。

$$\rho = \frac{m}{v} \tag{1-2}$$

$$\gamma = \rho g \tag{1-3}$$

式中 g——重力加速度，一般在工程计算中近似取 $g = 10\text{m/s}^2$。

密度用环刀法测定。天然状态下土的密度变化范围比较大，一般黏性土 $\rho = 1.8 \sim 2.0\text{g/cm}^3$，砂土 $\rho = 1.6 \sim 2.0\text{g/cm}^3$。

3. 土粒相对密度（G_s）

土粒相对密度为土粒的质量与同体积纯蒸馏水在 4℃时的质量之比，其定义式为：

$$G_s = \frac{m_s}{V_s \rho_w} = \frac{\rho_s}{\rho_w} \tag{1-4}$$

式中 ρ_s——土粒的密度（g/cm^3）；

ρ_w——4℃时的纯水密度，取 $\rho_w = 1\text{g/cm}^3$。

土粒的相对密度给出的是矿物组合体的相对密度，由于土中矿物成分相对稳定，故土的相对密度一般变化不大。黏性土的相对密度一般在 2.70～2.75，砂土一般在 2.65 左右。

1.2.3 换算指标

在测定上述三个基本指标之后，经过换算可求得下列 6 个指标，称为换算指标。

1. 土的干密度 ρ_d 和干重度 γ_d

土的孔隙中完全没有水时的密度，称为干密度，是指土单位体积中土粒的质量，即固体颗粒的质量与土的总体积之比值。

$$\rho_d = \frac{m_s}{V} \tag{1-5}$$

干密度反映了土的孔隙率，因而可用以计算土的孔隙率，它往往通过土的密度及含水率计算得到，也可以实测。

在工程上常把干密度作为评定土体紧密程度的标准，以控制填土工程的施工质量。

单位体积内土颗粒所受的重力（重量）称为土的干重度 γ_d（kN/cm^3）。

$$\gamma_d = \rho_d g \tag{1-6}$$

2. 土的饱和密度 ρ_{sat} 和饱和重度 γ_{sat}

土的孔隙完全被水充满时的密度称为饱和密度。即土的孔隙中全部充满液态水时的单位体积质量，可用下式表示：

$$\rho_{sat} = \frac{m_s + V_v \rho_w}{V} \tag{1-7}$$

式中 ρ_w——水的密度。

饱和重度 γ_{sat}（kN/m^3）是指土中孔隙完全充满水时，单位体积内土所受的重力（重量），可以下式表示：

$$\gamma_{sat} = \rho_{sat} g \tag{1-8}$$

3. 土的有效密度 ρ' 和有效重度 γ'

土的有效密度 ρ'（g/cm^3 或 t/m^3）是指在地下水位以下，单位体积土中土粒的质量扣除土体排开同体积水的质量；土的有效重度 γ' 是指在地下水位以下，单位体积土中土粒所受的重力扣除水的浮力，即：

$$\rho' = (m_s - V_s \rho_w)/V \tag{1-9}$$

$$\gamma' = \rho' g \tag{1-10}$$

4. 土的孔隙比（e）

孔隙比指孔隙体积与固体颗粒实体体积之比，即：

$$e = \frac{V_v}{V_s} \tag{1-11}$$

孔隙比是评价土的密实程度的重要指标。一般孔隙比小于 0.6 的土是低压缩土，孔隙比大于 1.0 的土是高压缩土。

5. 土的孔隙率（n）

孔隙率指孔隙体积与土总体积之比，用百分数表示，即：

$$n = \frac{V_v}{V} \times 100\% \tag{1-12}$$

孔隙比和孔隙率都是用以表示孔隙体积含量的概念。

土的孔隙比或孔隙率都可用来表示同一种土的松密程度。它随土形成过程中所受的压力、粒径级配和颗粒排列状况而变化。一般来说，粗粒土的孔隙率小，细粒土的孔隙率大。例如砂类土的孔隙率一般是 $28\% \sim 30\%$；黏性土的孔隙率可达 $60\% \sim 70\%$。这种情况下，单位体积内孔隙的体积比土颗粒的体积大很多。

6. 饱和度（S_r）

饱和度是指土孔隙中水的体积与孔隙体积之比，以百分数表示，即：

$$S_r = \frac{V_w}{V_v} \times 100\% \tag{1-13}$$

土可根据饱和度划分为稍湿、很湿与饱和三种状态，其划分标准为：

稍湿：$0 < S_r \leqslant 50\%$

很湿：$50\% < S_r \leqslant 80\%$

饱和：$80\% < S_r \leqslant 100\%$

1.2.4 三相比例指标之间的换算关系

在土的三相比例指标中，土的含水量、土的密度和土粒相对密度 3 个基本指标是通过试验测定的，其他相应各项指标可以通过土的三相比例关系求得。

各项指标之间的换算公式见表 1-2。

土的三相比例指标之间的换算公式   表 1-2

名称	符号	三相比例表达式	常用换算式	常见的数值范围
含水量（%）	w	$w = \frac{m_w}{m_s} \times 100\%$	$w = \frac{S_r e}{G_s} = \frac{\rho}{\rho_d} - 1$	$20\% \sim 60\%$
土粒相对密度	G_s	$G_s = \frac{m_s}{V_s} \cdot \frac{1}{\rho_w} = \frac{\rho_s}{\rho_w}$	$G_s = \frac{S_r e}{w}$	黏性土：$2.72 \sim 2.75$ 粉土：$2.70 \sim 2.71$ 砂土：$2.65 \sim 2.69$

名称	符号	三相比例表达式	常用换算式	常见的数值范围
密度(g/cm³)	ρ	$\rho=\dfrac{m}{V}$	$\rho=\rho_{\mathrm{d}}(1+\omega)$ $\rho=\dfrac{G_{\mathrm{s}}(1+\omega)}{1+e}\rho_{\mathrm{w}}$	1.6~2.0
干密度(g/cm³)	ρ_{d}	$\rho_{\mathrm{d}}=\dfrac{m_{\mathrm{s}}}{V}$	$\rho_{\mathrm{d}}=\dfrac{\rho}{1+\omega}=\dfrac{G_{\mathrm{s}}\rho_{\mathrm{w}}}{1+e}$	1.3~1.8
饱和密度(g/cm³)	ρ_{sat}	$\rho_{\mathrm{sat}}=\dfrac{m_{\mathrm{s}}+V_{\mathrm{v}}\rho_{\mathrm{w}}}{V}$	$\rho_{\mathrm{sat}}=\dfrac{G_{\mathrm{s}}+e}{1+e}\rho_{\mathrm{w}}$	1.8~2.3
有效密度(g/cm³)	ρ'	$\rho'=\dfrac{m_{\mathrm{s}}-V_{\mathrm{s}}\rho_{\mathrm{w}}}{V}$	$\rho'=\rho_{\mathrm{sat}}-\rho_{\mathrm{w}}$ $\rho'=\dfrac{G_{\mathrm{s}}-1}{1+e}\rho_{\mathrm{w}}$	0.8~1.3
孔隙比	e	$e=\dfrac{V_{\mathrm{v}}}{V_{\mathrm{s}}}$	$e=\dfrac{G_{\mathrm{s}}(1+w)\rho_{\mathrm{w}}}{\rho}-1$	黏性土和粉土:0.40~1.20 砂土:0.3~0.9
孔隙率(%)	n	$n=\dfrac{V_{\mathrm{v}}}{V}\times100\%$	$n=\dfrac{e}{1+e}=1-\dfrac{\rho_{\mathrm{d}}}{G_{\mathrm{s}}\rho_{\mathrm{w}}}$	黏性土和粉土: 30%~60% 砂土:25%~45%
饱和度(%)	S_{r}	$S_{\mathrm{r}}=\dfrac{V_{\mathrm{w}}}{V_{\mathrm{v}}}\times100\%$	$S_{\mathrm{r}}=\dfrac{wG_{\mathrm{s}}}{e}=\dfrac{\omega\rho_{\mathrm{d}}}{n\rho_{\mathrm{w}}}$	稍湿土:0~50% 很湿土:50%~80% 饱和土:80%~100%

【例 1-1】 使用薄壁取样器采取的土样,其体积与质量分别为 38.4cm³ 和 67.21g,把土样放入烘箱烘干,并在烘箱内冷却到室温后,测得质量为 49.35g。试求土样的 ρ(天然密度),ρ_{d}(干密度),w(含水量),e(孔隙比),n(孔隙率),饱和度(已知 $G_{\mathrm{s}}=2.69$)。

【解】 ① $\rho=\dfrac{m}{V}=\dfrac{m_{\mathrm{s}}+m_{\mathrm{w}}}{V_{\mathrm{s}}+V_{\mathrm{v}}}=\dfrac{67.21}{38.40}=1.750\mathrm{g/cm^3}$

② $\rho_{\mathrm{d}}=\dfrac{m_{\mathrm{s}}}{V}=\dfrac{m-m_{\mathrm{v}}}{V}=\dfrac{49.35}{38.40}=1.285\mathrm{g/cm^3}$

③ $w=\dfrac{m_{\mathrm{w}}}{m_{\mathrm{s}}}\times100\%=\dfrac{m-m_{\mathrm{s}}}{m_{\mathrm{s}}}=\dfrac{67.21-49.35}{49.35}\times100\%=36.19\%$

④ $e=\dfrac{G_{\mathrm{s}}\rho_{\mathrm{w}}}{\rho_{\mathrm{d}}}-1=\dfrac{2.69\times1}{1.285}-1=1.093$

⑤ $n=\dfrac{e}{1+e}=\dfrac{1.093}{1+1.093}\times100\%=52.22\%$

⑥ $S_{\mathrm{r}}=\dfrac{w\cdot G_{\mathrm{s}}}{e}=\dfrac{36.19\times2.69}{1.093}=89.07\%$

1.3 土的物理状态指标

1.3.1 无黏性土的物理状态指标

所谓土的物理状态,对于粗粒土来说,是指土的密实程度。对细粒土而言,则指土的软硬程度或土的稠度。

无黏性土的密实度与其工程性质有着密切的关系，呈密实状态时，强度较大，可作为良好的天然地基；呈松散状态时，则是不良地基。对于同一种无黏性土，当其孔隙比小于某一限度时，处于密实状态，随着孔隙比的增大，则处于中密、稍密直到松散状态。无黏性土的这种特性，是由它所具有的单粒结构决定的。

1. 砂土的密实程度

确定砂土密实度的方法有多种，工程中以孔隙比 e、相对密实度 D_r、标准贯入试验锤击数 N 为标准来划分砂土的密实度。

（1）孔隙比 e

无黏性土的最小孔隙比是最紧密状态的孔隙比，用符号 e_{min} 表示；其最大孔隙比是土处于最疏松状态时的孔隙比，用符号 e_{max} 表示。e_{min} 一般采用"振击法"测定；e_{max} 一般用"松砂器法"测定。

一般土粒粒径较均匀的无黏性土，其 e_{min} 与 e_{max} 之差较小；不均匀的无黏性土，其差值较大。无黏性土的天然孔隙比 e 如果接近 e_{max}（或 e_{min}），则该无黏性土处于天然疏松（或密实）状态，这可用无黏性土的相对密实度进行评价。

（2）相对密实度 D_r

无黏性土的相对密实度以最大孔隙比 e_{max} 与天然孔隙 e 之差和最大孔隙比 e_{max} 与最小孔隙比 e_{min} 之差的比值 D_r 表示，即：

$$D_r = \frac{e_{max} - e}{e_{max} - e_{min}} \qquad (1-14)$$

从上式可知，若无黏性土的天然孔隙比 e 接近于 e_{min}，即相对密实度 D_r 接近于 1 时，土呈密实状态；当 e 接近于 e_{max} 时，即相对密实度 D_r 接近于 0，则呈松散状态。根据 D_r 值可把砂土的密实度状态划分为下列三种：

$$0.67 < D_r \leqslant 1 \qquad 密实$$
$$0.33 < D_r \leqslant 0.67 \qquad 中密$$
$$0 < D_r \leqslant 0.33 \qquad 松散$$

相对密实度试验适用于透水性良好的无黏性土，如纯砂、纯砾等。相对密实度是无黏性粗粒土密实度的指标，它对于土作为土工构筑物和地基的稳定性，特别是在抗震稳定性方面具有重要的意义。

（3）以标准贯入试验锤击数 N 为标准

由于采取原状砂样较困难，工程中通常用标准贯入试验锤击数来评价砂土的密实度。标准贯入试验是用规定的锤（质量 63.5kg）和落距（76cm）把一标准贯入器（带有刃口的对开管，外径 50cm，内径 35cm）打入土中，并记录每贯入一定深度（30cm）所需的锤击数 N 的一种原位测试方法。砂土根据标准贯入试验锤击数 N 可分为松散、稍密、中密和密实四种密实度，具体的划分标准见表 1-3。

砂土的密实度 表 1-3

密实度	松散	稍密	中密	密实
标准贯入试验锤击数 N	$N \leqslant 10$	$10 < N \leqslant 15$	$15 < N \leqslant 30$	$N > 30$

注：当用静力触探探头阻力判定砂土的密实度时，可根据当地经验确定。

2. 碎石土的密实程度

粒径大于 2mm 的颗粒质量超过总质量 50% 的土，定义为碎石土。碎石土分类见表 1-4。

碎石类土的分类　　　　　　　　　　　　　　　　表 1-4

土的名称	颗粒形状	粒组含量
漂石土	浑圆或圆棱状为主	粒径大于 200mm 的颗粒超过总质量的 50%
块石土	尖棱状为主	
卵石土	浑圆或圆棱状为主	粒径大于 20mm 的颗粒超过总质量的 50%
碎石土	尖棱状为主	
圆砾土	浑圆或圆棱状为主	粒径大于 2mm 的颗粒超过总质量的 50%
角砾土	尖棱状为主	

（1）重型圆锥动力触探锤击数 $N_{63.5}$

重型圆锥动力触探锤击数 $N_{63.5}$ 是用质量为 63.5kg 的落锤以 76cm 的落距把探头（探头为圆锥头，锥角 60°，锥底直径 7.4cm）打入碎石土中，探头贯入碎石土 10cm 的锤击数。根据重型圆锥动力触探锤击数 $N_{63.5}$ 可将碎石土划分为松散、稍密、中密和密实四种密实度，具体划分见表 1-5。

碎石土的密实度　　　　　　　　　　　　　　　　表 1-5

密实度	松散	稍密	中密	密实
重型圆锥动力触探锤击数 $N_{63.5}$	$N_{63.5} \leqslant 5$	$5 < N_{63.5} \leqslant 10$	$10 < N_{63.5} \leqslant 20$	$N_{63.5} > 20$

注：本表适用于平均粒径小于等于 50mm 且最大粒径不超过 100mm 的卵石、碎石、圆砾、角砾。表内 $N_{63.5}$ 为经综合修正后的平均值。

（2）野外观测方法

碎石土的密实度可根据野外鉴别方法划分为密实、中密、松散三种状态，其划分标准见表 1-6。

碎石土密实度野外鉴别方法　　　　　　　　　　　　表 1-6

密实度	骨架颗粒含量和排列	可挖性	可钻性
密实	骨架颗粒含量大于总重的 70%，呈交错排列，大部分接触	锹、镐挖掘困难，用撬棍方能松动；井壁一般较稳定	钻进极困难，冲击钻探时，钻杆、吊锤跳动剧烈，孔壁较稳定
中密	骨架颗粒含量等于总重的 60%～70%，呈交错排列，大部分接触	锹、镐可挖掘，井壁有掉块现象，从井壁取出大颗粒处，能保持颗粒凹面形状	钻进较困难，冲击钻探时，钻杆、吊锤跳动不剧烈，孔壁有坍塌现象
松散	骨架颗粒含量小于总重的 60%，排列混乱，大部分不接触	锹可以挖掘，井壁易坍塌；从井壁取出大颗粒后，填充物砂土立即塌落	钻进较容易，冲击钻探时，钻杆稍有跳动，孔壁易坍塌

注：碎石土的密实度应按表中要求综合确定。

1.3.2 黏性土的物理状态指标

黏性土是指具有可塑状态性质的土。

可塑性是指土在外力作用下，可塑成任何形状而不发裂，当外力卸除后仍能保持已有的形状。含水量对黏性土的工程性质有着极大的影响。

1. 黏性土的界限含水率

黏性土由于其含水率不同，可分别处于流动状态、可塑状态、半固态及固态。含水率很大时，土粒与水混合成泥浆，是一种黏滞流动的液体，称为流动状态。含水率逐渐减少，黏滞流动的特征逐渐消失而呈现一种可塑状态。含水率继续减少，土体的体积随着含水率的减小而减小，土的可塑性逐渐消失，从可塑状态转变为不可塑的半固态。当含水率继续减小到某一界限时，土体的体积不再随含水率减小而变化，这种状态称为固态。

界限含水率就是黏性土由一种状态转到另一种状态的分界含水率（图1-3），它对黏性土的分类及工程性质的评价有着重要意义。土从流动状态转到可塑状态的界限含水率称为液限（即可塑状态的上限含水率），用符号w_L表示；土从可塑状态到半固态的界限含水率称为塑限（即可塑状态的下限含水率），用符号w_P表示；土从半固态转到固态的界限含水率称为缩限（即黏性土随着含水率的减小，体积不再减小时的含水率），用符号w_S表示，界限含水率都以百分数表示。

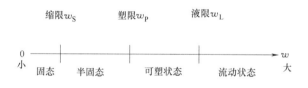

图1-3 黏性土的界限含水率

（1）黏性土的液限测定

锥式液限仪是根据一定重量和固定角度的平衡锥沉入土中一定深度时的含水率恰为液限这一原理制作的。苏联 A. M. 瓦西里耶夫经过多次试验认为锥体重量为 0.75N，锥角为 30°，锥体沉入深度为 10mm 时，土的抗剪强度是 8.232kPa，此时土的含水率即为液限，如图1-4所示。

（2）黏性土的塑限测定

黏性土塑限的测定方法主要根据是土处于塑态时可塑成任意形状也不产生裂纹，处于固态时很难搓成任意形状，若勉强搓成时，土面要发生裂纹或断折等现象，这两种物理状态特征是塑态和固态的界限。当黏性土搓成直径为 3mm 粗细的土条，表面开始出现裂纹时的含水率，即为土的塑限。

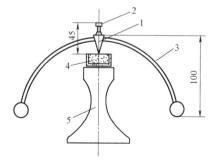

图1-4 锥式液限仪
1—锥身；2—手柄；3—平衡装置；
4—试杯；5—底座

液、塑限联合测定法是根据圆锥仪的圆锥入土深度与其相应的含水率在双对数坐标上具有线性关系的特性来进行测定的。利用圆锥质量为 76g 的液塑限联合测定仪测得土在不同含水率时的圆锥入土深度，并绘制其关系直线图，在图上查得圆锥下沉深度为 10mm（或 17mm）所对应的含水率即为液限，查得圆锥下沉深度为 2mm 所对应的含水率即为塑限。

联合液塑限仪法的优点是可以减少人为误差，免去搓条的环节。缺点是要测定三个不同的含水率，还要画图求液限和塑限。

如图 1-5 所示，以含水量 w 为横坐标，以圆锥入土深度 h 为纵坐标，在双对数坐标纸上绘制 w-h 关系曲线，三点应在一直线上。当三点不在一直线上时，将高含水量的点与其余两点连成直线，并在入土深度为 2mm 处查得相应两个含水量。当两个含水量差值小于 2％时，应将该两点含水量的平均值与高含水量的点连成一直线，作为关系直线，否则应重做试验。

在 w-h 关系图上查得入土深度为 10mm 所对应的含水量为 10mm 液限（即习惯的锥式仪液限），查得深度为 2mm 所对应的含水量为塑限，取值以百分数表示，准确至 0.1％。

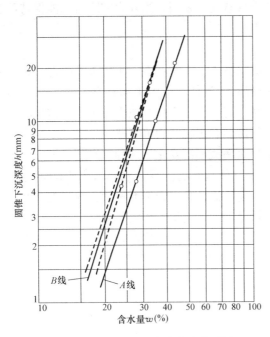

图 1-5 圆锥下沉深度与含水率关系图

2. 黏性土的塑性指数和液性指数

（1）塑性指数

物体在外力作用下，可被塑成任何形态，而整体性不破坏，即不产生裂隙。外力除去后，物体能保持变形后的形态，而不恢复原状。

有的物体是在一定的温度条件下具有塑性；有的物体是在一定的压力条件下具有塑性；而黏性土则是在一定的湿度条件下具有塑性。

1）塑性下限或塑限：是半固态和塑态的界限含水量，它是使土颗粒相对位移而土体整体性不破坏的最低含水量。

2）塑性上限或液限：是塑态与流态的界限含水量，也是强结合水加弱结合水的含量。以上两个界限含水量的差值为塑性指数，即：

$$I_P = w_L - w_P \tag{1-15}$$

塑性指数表示黏性土具有可塑性的含水量变化范围，以百分数表示。塑性指数越大，土的塑性越强，土中黏粒含量越多。

（2）液性指数

在稠度的各界限值中，塑性上限（w_L）和塑性下限（w_P）的实际意义最大。它们是区别三大稠度状态的具体界限，分别简称液限和塑限。

土所处的稠度状态，一般用液性指数 I_L（即稠度指标 B）来表示。

$$I_L = \frac{w - w_P}{w_L - w_P} = \frac{w - w_P}{I_P} \tag{1-16}$$

式中　w——天然含水量；

w_L——液限含水量；

w_P——塑限含水量。

按液性指数（I_L）黏性土的物理状态可分为：坚硬：$I_L \leqslant 0$；硬塑：$0 < I_L \leqslant 0.25$；可塑：$0.25 < I_L \leqslant 0.75$；软塑：$0.75 \leqslant I_L \leqslant 1$；流塑：$I_L > 1$。

在稠度变化中，土的体积随含水量的降低而逐渐收缩变小，到一定值时，虽然含水量降低，而体积却不再缩小。

【例 1-2】 从某地基取原状土样，测得土的液限为 37.4%，塑限为 23.0%，天然含水量为 26.0%，问地基土处于何种状态？

【解】 已知：$w_L = 37.4\%$；$w_P = 23.0\%$；$w = 26.0\%$

$I_P = w_L - w_P = 0.374 - 0.23 = 0.144 = 14.4\%$

$I_L = \dfrac{w - w_P}{I_P} = \dfrac{0.26 - 0.23}{0.144} = 0.21$

因为 $0 < I_L \leqslant 0.25$

所以该地基土处于硬塑状态。

（3）黏性土的灵敏度和触变性

灵敏度反映黏性土结构性的强弱。

$$S_t = \frac{q_u}{q_0} \tag{1-17}$$

式中　S_t——黏性土的灵敏度；

q_u——原状土的无侧限抗压强度；

q_0——与原状土密度、含水量相同，结构完全破坏的重塑土的无侧限抗压强度。

灵敏度分为下列几类：

$S_t \leqslant 1$：不灵敏；$S_t = 1 \sim 2$：低灵敏：$S_t = 2 \sim 4$：中等灵敏；$S_t = 4 \sim 8$：灵敏；$S_t = 8 \sim 16$：很灵敏；$S_t > 16$：流动。

灵敏度高的土，其结构性越高，受扰动后土的强度降低就越多，施工时应特别注意保护基槽，使结构不扰动，避免降低地基强度。

触变性：当黏性土结构受扰动时，土的强度降低。但静置一段时间，土的强度又逐渐增长，这种性质称为土的触变性。这是因为土粒、离子和水分子体系随时间而趋于新的平衡状态。

1.4　地基岩土的工程分类

作为建筑地基的岩土，可分为岩石、碎石土、砂土、粉土、黏性土、人工填土和特殊土。

1.4.1　岩石

岩石的坚硬程度和完整程度见表 1-7。

岩石坚硬程度的划分   表 1-7

坚硬程度类别	坚硬岩	较硬岩	较软岩	软岩	极软岩
饱和单轴抗压强度标准值 f_{rk}(MPa)	>60	$30<f_{rk}\leqslant60$	$15<f_{rk}\leqslant30$	$5<f_{rk}\leqslant15$	≤5

岩石的坚硬程度应根据岩块的饱和单轴抗压强度按表 1-7 分为坚硬岩、较硬岩、较软岩、软岩和极软岩。当缺乏饱和单轴抗压强度资料或不能进行该项试验时,可在现场通过观察定性划分。岩石的风化程度可分为未风化、微风化、中等风化、强风化和全风化。

岩体完整程度应按表 1-8 划分为完整、较完整、较破碎、破碎和极破碎。

岩体完整程度划分   表 1-8

完整程度等级	完整	较完整	较破碎	破碎	极破碎
完整性指数	>0.75	0.75～0.55	0.55～0.35	0.35～0.15	<0.15

注:完整性指数为岩体纵波波速与岩块纵波波速之比的平方。选定岩体、岩块测定波速时应有代表性。

1.4.2 碎石土

碎石土为粒径大于 2mm 的颗粒含量超过全重 50%的土。碎石土可按表 1-4 分为漂石、块石、卵石、碎石、圆砾和角砾。

碎石土的密实度,可按表 1-5 分为松散、稍密、中密、密实。

1.4.3 砂土

砂土为粒径大于 2mm 的颗粒含量不超过全重 50%、粒径大于 0.075mm 的颗粒超过全重 50%的土。砂土可按表 1-9 分为砾砂、粗砂、中砂、细砂和粉砂。

砂土的密实度,可按表 1-3 分为松散、稍密、中密、密实。

1.4.4 黏性土

黏性土为塑性指数 I_P 大于 10 的土,可按表 1-10 分为黏土、粉质黏土。

砂土的分类   表 1-9

土的名称	粒组含量
砾砂	粒径大于 2mm 的颗粒含量占全重 25%～50%
粗砂	粒径大于 0.5mm 的颗粒含量超过全重 50%
中砂	粒径大于 0.25mm 的颗粒含量超过全重 50%
细砂	粒径大于 0.075mm 的颗粒含量超过全重 85%
粉砂	粒径大于 0.075mm 的颗粒含量超过全重 50%

注:分类时应根据粒组含量栏从上到下以最先符合者确定。

黏性土的分类   表 1-10

塑性指数 I_P	土的名称
$I_P>17$	黏土
$10<I_P\leqslant17$	粉质黏土

注:塑性指数由相应于 76g 圆锥体沉入土样中深度为 10mm 时测定的液限计算而得。

黏性土的状态，可按表 1-11 分为坚硬、硬塑、可塑、软塑、流塑。

黏性土的状态 表 1-11

液性指数 I_L	状态
$I_L < 0$	坚硬
$0 < I_L \leqslant 0.25$	硬塑
$0.25 < I_L \leqslant 0.75$	可塑
$0.75 < I_L \leqslant 1$	软塑
$I_L > 1$	流塑

注：当用静力触探探头阻力判定黏性土的状态时，可根据当地经验确定。

1.4.5 粉土

粉土为介于砂土与黏性土之间，塑性指数（I_P）小于等于 10 且粒径大于 0.075mm 的颗粒含量不超过全重 50% 的土。

1.4.6 人工填土

人工填土是指由于人类活动而堆填形成的各类土，其物质成分杂乱，均匀性较差。根据其物质组成和成因可分为素填土、杂填土和冲填土三类。

1. 素填土：由碎石、砂土、粉土、黏性土等组成的填土。它不含杂质或含杂质很少，按主要组成物质分为碎石素填土、砂性素填土、粉性素填土及黏性素填土，经分层压实或夯实的素填土称为压实填土，如路基、河堤等。

2. 杂填土：含有大量建筑垃圾、工业废料或生活垃圾等杂物的填土。按组成物质分为建筑垃圾土、工业垃圾土及生活垃圾土。通常大中城市地表都有一层杂填土。

3. 冲填土：由水力冲填泥砂形成的填土。

人工填土可按堆填时间分为老填土和新填土，通常把堆填时间超过 10 年的黏性填土或超过 5 年的粉性填土称为老填土，否则称为新填土。

通常人工填土的工程性质不良，强度低，压缩性高且不均匀。其中压实填土相对较好。杂填土因成分复杂，平面与立面分布很不均匀、无规律，工程性质较差。

1.4.7 特殊土

特殊土是指具有一定分布区域或工程意义上具有特殊成分、状态和结构特征的土，在工程中需要特别注意。从目前工程实践来看，大体可分为软土、红黏土、黄土、膨胀土、多年冻土、盐渍土等。

1. 软土：是指沿海的滨海相、三角洲相、溺谷相，内陆的河流相、湖泊相、沼泽相等主要由细粒土组成的孔隙比大、天然含水量高、压缩性高、强度低和具有灵敏性、结构性的土层，为不良地基，包括淤泥、淤泥质黏性土、淤泥质粉土等。

2. 红黏土：是指碳酸盐系的岩石经第四纪以来的红土化作用，形成并覆盖于基岩上，呈棕红、褐黄等色的高塑性黏土。红黏土通常强度高，压缩性低。因受基岩起伏影响，厚度不均匀，土质上硬下软，具有明显胀缩性，裂隙发育。已形成的红黏土经坡积、洪积再搬运后仍保留着黏土的基本特征。

3. 黄土：是一种含大量碳酸盐类且常能以肉眼观察到大孔隙的黄色粉状土。天然黄土在未受水浸湿时，一般强度较高，压缩性较低。但当其受水浸湿后，因黄土自身大孔隙结构的特征，压缩性剧增使结构受到破坏。土层突然显著下沉（其湿陷系数大于等于0.015），同时强度也随之迅速下降，这类黄土统称为湿陷性黄土。湿陷性黄土根据上覆土自重压力下是否发生湿陷变形，又可分为自重湿陷性黄土和非自重湿陷性黄土。

4. 膨胀土：是指土中黏粒成分主要由亲水性矿物组成，同时具有显著的吸水膨胀和失水收缩特性，其自由膨胀率大于等于40％的黏性土。由于膨胀土通常强度较高，压缩性较低，易被误认为是良好的地基，而一旦遇水，就呈现出较大的吸水膨胀和失水收缩的能力，往往导致建筑物和地坪开裂、变形而破坏，膨胀土大多分布于当地排水基准面以上的二级阶地及其以上的台地、丘陵、山前缓坡、垅岗地段。其分布不具绵延性和区域性，多呈零星分布且厚度不均。

5. 多年冻土：是指土的温度小于等于摄氏零度、含有固态水，且这种状态在自然界连续保持3年或3年以上的土。当自然条件改变时，它将产生冻胀、融陷、热融滑塌等特殊不良地质现象，并发生物理力学性质改变。根据土的类别和总含水量多年冻土可划分为少冰冻土、多冰冻土、富冰冻土、饱冰冻土及含土冰层等。

6. 盐渍土：是盐土或碱土以及各种盐化、碱化土壤的总称。其具有吸湿、松胀等特性。由于可溶盐遇水溶解，可能导致土体产生湿陷、膨胀以及有害的毛细水上升，使建筑物破坏。盐渍土按含盐性质可分为氯盐渍土、亚氯盐渍土、硫酸盐渍土、亚硫酸盐渍土、碱性盐渍土等。盐渍土按含盐量可分为弱盐渍土、中盐渍土、强盐渍土和超盐渍土。

本 章 小 结

1. 本章介绍了土的成因、组成和结构。

2. 从宏观和微观两方面了解土的三相组成，要掌握土的物理性质指标的定义以及有关指标的换算、试验和应用，掌握无黏性土和黏性土的工程特性。熟练使用地基土的分类方法。

3. 介绍了无黏性土和黏性土的物理状态指标。

4. 土的相对密实度、塑限、液限、塑性指数和液性指数等基本概念。

思考题与练习题

1. 影响土的压实性的主要因素是什么？

2. 土的三相比例指标有哪些？哪些可以直接测定？哪些通过换算求得？

3. 无黏性土和黏性土在矿物组成、土的结构、物理状态及分类方法等方面有何区别？

4. 粒组划分时，界限粒径的物理意义是什么？

5. 什么是黏性土的界限含水量？什么是土的液限、塑限、缩限、塑性指数和液性指数？

6. 什么是土的灵敏度和触变性？其在工程中有哪些应用？

7. 在击实试验中，击实筒体积1000cm³，测得湿土质量为1.95kg，取一质量为

17.48g 的湿土，烘干后质量为 15.03g，计算含水量 w 和干重度 γ_d。

8. 某原状土样，经试验测得天然密度 $\rho=1.67\text{g/cm}^3$，含水量为 12.9%，土粒相对密度 2.67，求孔隙比 e、孔隙率 n、饱和度 S_r。

9. 天然完全饱和土样切满于环刀内，称得总质量为 72.49g，经 105℃ 烘至恒重为 61.28g，已知环刀质量为 32.54g，土粒相对密度为 2.74，试求该土样的天然密度 ρ、天然含水量 w、干密度 ρ_d 及天然孔隙比 e。

第2章　土中应力及变形

【教学目标】 掌握土中自重应力计算、基底压力和基底附加压力分布与计算、圆形面积均布荷载、矩形面积均布荷载、矩形面积三角形分布荷载以及条形荷载等条件下的土中竖向附加应力计算方法；了解地基中其他应力分量的计算公式；理解地基沉降的概念，并掌握分层总和法最终沉降量的计算方法；了解沉降的特征及减少沉降的措施和方法。

2.1　概　　述

2.1.1　土中应力计算的目的及方法

建筑物、构筑物、车辆等的荷载通过基础或路基传递到土体上。

在这些荷载及其他作用力（如渗透力、地震作用）等的作用下，土中会产生应力。

土中应力的增加将引起土的变形，使建筑物发生下沉、倾斜以及水平位移；土的变形过大时，往往会影响建筑物的安全和正常使用。此外，土中应力过大时，也会引起土体的剪切破坏，使土体发生剪切滑动而失去稳定。

为了使所设计的建筑物、构筑物既安全可靠又经济合理，就必须研究土体的变形、强度、地基承载力、稳定性等问题，而无论研究上述何种问题，都必须首先了解土中的应力分布状况。只有掌握了土中应力的计算方法和土中应力的分布规律，才能正确运用土力学的基本原理和方法解决地基变形、土体稳定等问题。

因此，研究土中应力分布及计算方法是土力学的重要内容。

目前计算土中应力的方法，主要是采用弹性理论，也就是把地基土视为均质的、连续的、各向同性的半无限空间线弹性体。事实上，土体是一种非均质的、各向异性的多相分散体，是非理想弹性体，采用弹性理论计算土体中应力必然带来计算误差，对于一般工程，其误差是工程所允许的。但对于许多复杂工程条件下的应力计算，弹性理论是远远不够的，应采用其他更为符合实际的计算方法，如非线性力学理论、数值计算方法等。

2.1.2　土中的应力状态

土体中某点 M 的应力状态，可以用一个正六面单元体上的应力来表示。若半无限土体所采用的直角坐标系如图 2-1 所示，则作用在单元体上的 3 个法向应力（正应力）分量分别为 σ_x、σ_y、σ_z，6 个剪应力分量分别为 $\tau_{xy}=\tau_{yx}$、$\tau_{yz}=\tau_{zy}$、$\tau_{zx}=\tau_{xz}$。剪应力前面的脚标表示剪应力作用面的法线方向，后面的脚标表示剪应力的作用方向。应特别注意的是，在土力学中法向应力以压应力为正，拉应力为负，这与一般固体力学中的符号规定有所不同。剪应力的正负号规定是：当剪应力作用面的外法线方向与坐标轴的正方向一致时，则剪应力的方向与坐标轴正方向相反时为正，反之为负；若剪应力作用面上的外法线方向与坐标轴正方向相反时，则剪应力的方向与坐标轴正方向相同时为正，反之为负。如图 2-1 中所示的法向应力及剪应力均为正值。

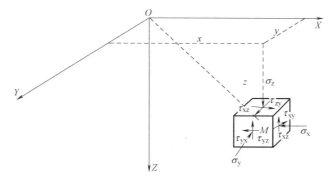

图 2-1 土中一点的应力状态

2.1.3 土中应力的种类

土中的应力按产生的原因分为两种，即自重应力和附加应力，二者之和称为总应力。

自重应力：由土体重力引起的应力称为自重应力。自重应力一般是自土形成之日起就在土中产生，因此也称为长驻应力。

附加应力：由于外荷载（如建筑物荷载、车辆荷载、土中水的渗透力、地震作用等）的作用，在土中产生的应力增量。

2.2 土中自重应力的计算

2.2.1 均质地基自重应力场

计算自重应力时，假定地表面为无限大的水平面，即假定地基是半无限空间体，如图 2-2 所示。土质为各向同性的均质体，其重度为 γ。

按上述假定，土的自重可看作分布面积为无限大的均布荷载。土体在自重作用下既不产生侧向变形，也不产生剪切变形，只产生竖向变形。

在地面下深度 z 处，任取一单元体，其上的自重应力分量为：竖向自重应力 σ_{cz}，水平自重应力 $\sigma_{cx}=\sigma_{cy}$，不存在剪应力，即 $\tau_{cxy}=\tau_{cyx}=0$；$\tau_{cyz}=\tau_{czy}=0$；$\tau_{czx}=\tau_{cxz}=0$。

1. 竖向自重应力

竖向自重应力等于单位面积上土柱体的重力 W，如图 2-2 所示。当地基是均质土体时，在深度 z 处土的竖向自重应力为：

$$\sigma_{cz}=\frac{W}{F}=\frac{\gamma z F}{F}=\gamma z \tag{2-1}$$

式中　γ——土的天然重度，kN/m^3；

　　　W——土柱体重力，kN；

　　　F——土柱体截面积，m^2。

由式（2-1）可见，自重应力随深度 z 线性增加，呈三角形分布，如图 2-2 所示。

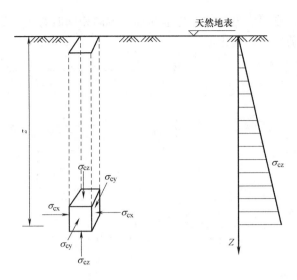

图 2-2　均质地基自重应力计算

2. 水平自重应力

由侧限条件，$\varepsilon_{cx}=\varepsilon_{cy}=0$，且 $\sigma_{cx}=\sigma_{cy}$。根据广义虎克定律，有

$$\varepsilon_{cx}=\frac{1}{E}\big[\sigma_{cx}-v(\sigma_{cy}+\sigma_{cz})\big] \tag{2-2}$$

将侧限条件代入式（2-2）得：

$$\sigma_{cx}=\sigma_{cy}=\frac{v}{1-v}\sigma_{cz} \tag{2-3}$$

令

$$K_0=\frac{v}{1-v} \tag{2-4}$$

则

$$\sigma_{cx}=\sigma_{cy}=K_0\sigma_{cz}=K_0\gamma z \tag{2-5}$$

式中　K_0——土的侧压力系数或静止土压力系数。

土的侧压力系数反映了水平应力与竖向应力的比值。不同的土体，该值有所不同，一般情况下应采用实测法确定该值的大小。无实测资料时，也可近似采用经验值，见表 2-1。

土的侧压力系数 K_0 与 v 的参考值　　　　　　　　　　　　　表 2-1

土的种类与状态		K_0	v
碎石土		0.18～0.25	0.15～0.20
砂土		0.25～0.33	0.20～0.25
粉土		0.33	0.25
粉质黏土	坚硬状态	0.33	0.25
	可塑状态	0.43	0.30
	软塑及流塑状态	0.53	0.35
黏土	坚硬状态	0.33	0.25
	可塑状态	0.53	0.35
	软塑及流塑状态	0.72	0.42

从上面的分析可以看出，自重应力包括三个应力分量，但对于地基自重应力场的分析与计算，主要针对竖向自重应力 σ_{cz}。

2.2.2 成层土竖向自重应力的计算

天然地基土一般都是成层的，而且每层的重度也不相同。设各层土的重度和厚度分别为 γ_i $(i=1,2,\cdots,n)$ 和 h_i，类似于式（2-1）的推导，在地面以下深度 z 范围内土柱体总重力为 n 段小土柱体之和，则在第 n 层土的底面（即深度 z 处），竖向自重应力计算公式为：

$$\sigma_{cz} = \gamma_1 h_1 + \gamma_2 h_2 + \cdots + \gamma_n h_n = \sum_{i=1}^{n} \gamma_i h_i \tag{2-6}$$

式中　h_i——第 i 层土的厚度，m；

　　　γ_i——第 i 层的天然重度，kN/m^3；

　　　n——从地面到深度 z 处的土层数。

应特别注意的是，计算地下水位以下土的竖向自重应力时，应根据土的性质确定是否需要考虑水的浮力作用。通常认为水下的砂性土是应该考虑浮力作用的，黏性土则视其物理状态而定。一般认为，若水下的黏性土的液性指数 $I_L \geqslant 1$，则土处于流动状态，土颗粒间存在着大量自由水，此时可以认为土体受到水的浮力作用；若 $I_L \leqslant 0$，则土体处于固体状态，土中自由水受到土颗粒间结合水膜的阻碍不能传递静水压力，故认为土体不受水的浮力作用；若 $0 < I_L < 1$，土处于可塑状态时，土颗粒是否受到水的浮力作用较难确定，一般在实践中均按不利状态来考虑。

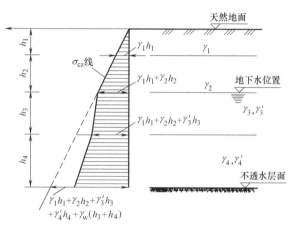

图 2-3　成层土中地下水为上、下竖向自重应力分布

若地下水位以下的土受到水的浮力作用，则水下部分土的重度应按浮重度 γ' 来计算，其计算方法如同成层土的情况，如图 2-3 所示。

在地下水位以下，如埋藏有不透水层（例如岩层或只含结合水的坚硬黏土层）时，由于不透水层中不存在水的浮力，所以层面及层面以下的竖向自重应力应按上覆土层的水土总重计算，如图 2-3 所示。

2.3　基底压力分布及简化计算

建筑物的各种荷载要通过基础传递到地基土上，基础底面与地基土间的接触压力称为基底压力。

2.3.1 基底压力的实际分布规律

为了计算上部荷载在地基中引起的附加应力，应首先研究基底压力的大小及分布规律。试验和现场实测资料均表明，基底压力的分布规律取决于下列因素：①地基土的性质；②地基与基础的相对刚度；③荷载大小、性质及其分布情况；④基础埋深、面积、现状等。

若一个基础作用着均布荷载，并假设基础是由许多小块组成，如图 2-4（a）所示，各小块之间光滑而无摩擦力，则这种基础为理想柔性基础（即基础的抗弯刚度 $EI \rightarrow 0$），基础上的荷载通过小块直接传递到地基土上，基础随着地基一起变形，基底压力均匀分布，但基础底面的沉降则不同，中央大而边缘小。

对于路基、土堤、土坝及薄板基础等柔性基础，其刚度很小，在竖向荷载作用下抵抗弯矩的能力也很小，可近似地看成是理想柔性基础。此时，基底压力分布与作用的荷载分布规律相同，如由土筑成的路基，可以近似地认为路堤本身不传递剪力，那么它就相当于一种柔性基础，路堤自重引起的基底压力分布与路堤断面形状相同，为梯形分布，如图 2-4（b）所示。

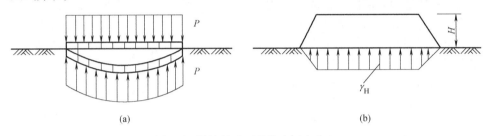

图 2-4　柔性基础下的基底压力分布
（a）理想柔性基础；（b）路堤下的压力分布

对于刚性基础（如墩台基础、块式整体基础、箱形基础等），其刚度很大，远远超过地基土的刚度。地基与基础的变形必须协调一致，故在中心荷载作用下地基表面各点的竖向变形值相同，由此决定了基底压力分布是不均匀的。理论和实践证明，在中心荷载作用下，基底压力通常呈马鞍形分布，如图 2-5（a）所示；当作用的荷载加大时，基底边缘由于应力集中，将会使土产生塑性变形，边缘应力不再增加，而使中央部分继续增大，使基底压力呈现抛物线分布，如图 2-5（b）所示；若作用荷载继续增大，并接近地基的破坏荷载时，基底压力分布由抛物线形转变为中部突出的钟形，如图 2-5（c）所示。所以刚性基础的基底压力分布规律与荷载大小有关，另外根据试验研究可知，它还与基础埋置深度、土的性质等有关。

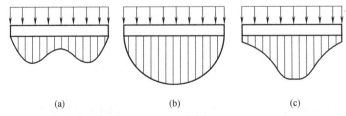

图 2-5　中心荷载作用下刚性基础基底压力分布
（a）马鞍形；（b）抛物线形；（c）钟形

由于目前还没有精确、简便的基底压力计算方法，可采用下列两种方法来确定基底压力的大小与分布。

（1）对大多数情况，可采用下述简化方法计算基底压力，虽然不够精确，但这种误差是工程所允许的。

（2）在比较复杂的情况下（如十字交叉条形基础、筏形基础、箱形基础等），可采用弹性地基上梁板理论来计算基底压力。

2.3.2　基底压力简化计算法

从上述讨论可见，基底压力的分布受多种因素的影响，是一个比较复杂的工程问题。但根据弹性理论中的圣维南原理以及从土中应力实际量测结果得知，当作用在基础上的荷载总值一定时，基底压力分布的形式对土中应力分布的影响只局限在一定深度范围内。一般情况下，距基底的深度超过基础宽度的 1.5～2.0 倍时，它的影响已很不显著。因此，在实用计算时对基底压力的分布可近似地认为是按直线规律变化，采用简化方法计算，即按材料力学公式计算。

1. 中心荷载作用下的基底压力

对于中心荷载作用下的矩形基础，如图 2-6（a）、（b）所示，此时基底压力均匀分布，其数值可按下式计算，即

$$p=\frac{F+G}{A} \tag{2-7}$$

式中　p——基底平均压力，kPa；

F——上部结构传至基础顶面的垂直荷载，kN；

G——基础自重与其台阶上的土重之和，一般取 $\gamma_G=20\text{kN/m}^3$ 计算，kN；

A——基础底面积，$A=lb$，m^2。

对于条形基础（$l\geqslant 10b$），则沿长度方向取 1m 来计算。此时上式中的 F、G 代表每延米内的相应值，如图 2-6（c）所示。

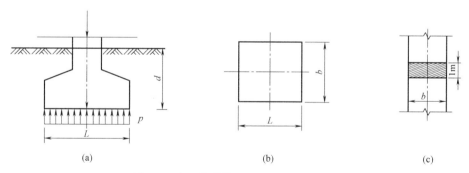

图 2-6　中心荷载作用下基底压力的计算

2. 偏心荷载作用下的基底压力

（1）单向偏心荷载作用下的矩形基础

当偏心荷载作用于矩形基底的一个主轴上时，称为单向偏心荷载，如图 2-7（a）、（b）所示。基底的边缘压力可按下式计算，即

$$\left.\begin{array}{l}p_{\max}\\p_{\min}\end{array}\right\}=\frac{F+G}{A}\pm\frac{M}{W}=\frac{F+G}{A}\left(1\pm\frac{6e}{l}\right) \tag{2-8}$$

式中　$p_{\max}$——基底边缘最大压力，kPa；

p_{min}——基底边缘最小压力，kPa；

M——作用于基底的力矩，$M=(F+G)e$，kN·m；

e——荷载偏心距，m；

W——基底抵抗矩，$W=\dfrac{1}{6}bl^2$，m³；

l——力矩作用平面内的基础底面边长，m；

b——垂直力矩作用平面的基础底面边长，m。

当 $e<l/6$ 时称为小偏心，基底压力分布为梯形，如图 2-7（c）所示；当 $e=l/6$ 时，基底压力分布为三角形，如图 2-7（d）所示；当 $e>l/6$ 时称为大偏心，按式（2-8）计算，$p_{min}<0$，即为拉应力，如图 2-7（e）所示。实际上由于基础与地基之间不能承受拉应力，此时基础底面将部分和地基土脱离，基底压力的实际分布如图 2-7（f）所示。在这种情况下，基底三角形压力的合力（通过三角形形心）必定与外荷载 $F+G$ 大小相等、方向相反而互相平衡，由此可建立垂直方向上的平衡关系如下：

$$\frac{1}{2}p_{max}\cdot 3ab=F+G$$

则
$$p_{max}=\frac{2(F+G)}{3ab} \tag{2-9}$$

式中　a——偏心荷载作用点至基底最大压力 p_{max} 作用边缘的距离，$a=l/2-e$，m。

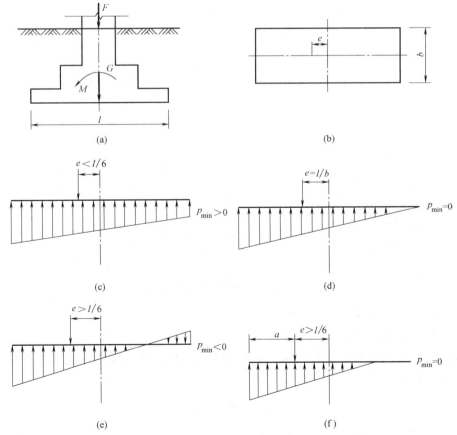

(a)　　　　　　　　　　　　　　(b)

(c)　　　　　　　　　　　　　　(d)

(e)　　　　　　　　　　　　　　(f)

图 2-7　单向偏心荷载作用下矩形基础基底压力的计算

在实际工程设计中，应尽量避免大偏心，此时基础难于满足抗倾覆稳定性的要求，建筑物易倾倒，造成灾难性的后果。

（2）偏心荷载作用下的条形基础

对于条形基础（$l \geqslant 10b$），偏心荷载在基础宽度 b 方向的基底压力计算，只需取 $l = 1\text{m}$ 作为计算单元即可：

$$\left.\begin{array}{c} p_{\max} \\ p_{\min} \end{array}\right\} = \frac{\overline{F} + \overline{G}}{A}\left(1 \pm \frac{6e}{b}\right) \tag{2-10}$$

式中 $\overline{F}$——上部结构传至每延米长度基础上的垂直荷载，kN/m；

$\overline{G}$——每延米长度的基础自重与其台阶上的土重之和，取 $\gamma_G = 20\text{kN/m}^3$ 计算，kN/m。

（3）双向偏心荷载作用下的矩形基础

若矩形基础受双向荷载作用，如图 2-8 所示，则基底任意一点的基底压力为：

$$p(x, y) = \frac{F + G}{A} \pm \frac{M_x y}{I_x} \pm \frac{M_y x}{I_y} \tag{2-11}$$

式中 $p(x, y)$——基底任意点的基底压力，kPa；

M_x——竖直偏心荷载对基础底面 x 轴的力矩，$M_x = (F + G)e_y$，kN·m；

M_y——竖直偏心荷载对基础底面 y 轴的力矩，$M_y = (F + G)e_x$，kN·m；

e_x——竖直荷载对 y 轴的偏心距，m；

e_y——竖直荷载对 x 轴的偏心距，m；

I_x——基础底面对 x 轴的惯性矩，$I_x = \dfrac{1}{12}bl^3$，m³；

I_y——基础底面对 y 轴的惯性矩，$I_y = \dfrac{1}{12}lb^3$，m³。

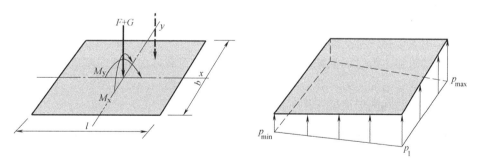

图 2-8 双向偏心荷载作用下矩形基础基底压力的计算

2.3.3 基底附加压力

基底压力减去基底处竖向自重应力称为基底附加压力。当基础埋深为 d 时，基底处竖向自重应力 $\sigma_c = \gamma_0 d$，则基底附加压力为：

$$p_0 = p - \sigma_c = p - \gamma_0 d \tag{2-12}$$

式中 p_0——基底附加压力，kPa；

p——基底压力，kPa；

σ_c——基底处竖向自重应力，kPa；

d——基础埋深，m；

γ_0——基础埋深范围内土的加权平均重度，$\gamma_0 = \dfrac{\sum \gamma_i h_i}{d}$，kN/m³。

在地基与基础工程设计中，基底附加压力的概念是十分重要的。建筑物基础工程施工前，土中早已存在自重应力，但自重应力引起的变形早已完成。基坑的开挖使基底处的自重应力完全解除，当修建建筑物时，若建筑物的荷载引起的竖向基底压力恰好等于原有竖向自重应力时，则不会在地基中引起附加应力，地基也不会发生变形。只有建筑物的荷载引起的基底压力大于基底处竖向自重应力时，才会在地基中引起附加应力和变形。因此，要计算地基中的附加应力和变形，应以基底附加压力为依据。

从式（2-12）可以看出，若基底压力 p 不变，埋深越大则附加应力越小。利用这一特点，当工程上遇到地基承载力较低时，为减少建筑物的沉降，采取措施之一便是加大基础埋深，使得附加应力减少。

2.4　土中附加应力的计算

附加压力会对地基产生附加应力，地基附加应力是指建筑物荷重在土体中引起的附加于原有应力之上的应力。

土中附加应力分布特点是：

（1）地面下同一深度的水平面上的附加应力不同，沿力的作用线上的附加应力最大，向两边则逐渐减小。

（2）距地面越深，应力分布范围越大，在同一铅直线上的附加应力不同，越深则越小。

计算地基附加应力，一般假定地基土是各向同性的、均质的线性变形体，而且在深度和水平方向上都是无限延伸的，即把地基看成是均质的线性变形半空间，这就可以直接采用弹性力学中关于弹性半空间的理论解答。

计算地基附加应力时，都把基底压力看成是柔性荷载，而不考虑基础刚度的影响。按照弹性力学，地基附加应力计算分为空间问题和平面问题两类。本节介绍属于空间问题的集中力、矩形荷载和圆形荷载作用下的解答。

2.4.1　竖向集中力下的地基附加应力

建筑物作用于地基上的荷载，总是分布在一定面积上的局部荷载，因此理论上的集中力实际是没有的。但是，根据弹性力学的叠加原理利用布奈斯克解答，可以通过积分或等代荷载法求得各种局部荷载下地基中的附加应力。

6 个应力分量和 3 个位移分量的公式中，竖向正应力 σ_z 和竖向位移 w 最为常用，以后有关地基附加应力计算主要是针对 σ_z 而言的。

2.4.2　等代荷载法

如果地基中某点 M 与局部荷载的距离比荷载作用面尺寸大很多时，就可以用一个集中力 P 代替局部荷载，然后直接计算该点的 σ_z。为了计算方便，设 $R = \sqrt{r^2 + z^2}$，利用弹性力学求解后，则有：

$$\sigma_z = \frac{3P}{2\pi} \frac{z^3}{(r^2 + z^2)^{5/2}} = \frac{3}{2\pi} \frac{1}{\left[(r/z)^2 + 1\right]^{5/2}} \frac{P}{z^2}$$

令 $K = \dfrac{3}{2\pi} \dfrac{1}{\left[(r/z)^2 + 1\right]^{5/2}}$，则上式可改写为：

$$\sigma_z = K \frac{P}{z^2} \tag{2-13}$$

式中　K——集中力作用下的地基竖向附加应力系数，简称集中应力系数，按 r/z 值由表 2-2 查用。

集中力作用下土中附加应力系数表 表 2-2

r/z	K	r/z	K	r/z	K	r/z	K	r/z	K
0	0.4775	0.45	0.3011	0.90	0.1083	1.35	0.0357	2.00	0.0085
0.05	0.4745	0.50	0.2733	0.95	0.0956	1.40	0.0317	2.10	0.0070
0.10	0.4657	0.55	0.2466	1.00	0.0844	1.45	0.0282	2.30	0.0048
0.15	0.4516	0.60	0.2214	1.05	0.0744	1.50	0.0251	2.50	0.0034
0.20	0.4329	0.65	0.1978	1.10	0.0658	1.55	0.0224	2.00	0.0015
0.25	0.4103	0.70	0.1762	1.15	0.0581	1.60	0.0200	2.50	0.0007
0.30	0.3849	0.75	0.1565	1.20	0.0513	1.70	0.0160	4.00	0.0004
0.35	0.3577	0.80	0.1386	1.25	0.0454	1.80	0.0129	4.50	0.0002
0.40	0.3294	0.85	0.1226	1.30	0.0402	1.90	0.0105	5.00	0.0001

若干个竖向集中力 $P_i(i=1, 2, \cdots, n)$ 作用在地基表面上，按叠加原理地面下 z 深度处某点 M 的附加应力 σ_z 应为各集中力单独作用时在 M 点所引起的附加应力之总和，即：

$$\sigma_z = \sum_{i=1}^{n} K_i \frac{P_i}{z^2} = \frac{1}{z^2} \sum_{i=1}^{n} K_i P_i \tag{2-14}$$

式中　K_i——第 i 个集中应力系数，按 r_i/z 由表 2-2 查得，其中 r_i 是第 i 个集中荷载作用点到 M 点的水平距离。

2.4.3　矩形基础均布荷载作用下地基附加应力计算

设矩形基础均布荷载面的长度和宽度分别为 l 和 b，作用于地基上的竖向均布荷载（例如中心荷载下的基底附加压力）为 p_0。先以积分法求矩形荷载面角点下的地基附加应力，然后运用角点法求得矩形荷载下任意点的地基附加应力。

以矩形荷载面角点为坐标原点 o，在荷载面内坐标为 (x, y) 处取一微面积 $\mathrm{d}x\mathrm{d}y$，并将其上的分布荷载以集中力 $p_0\mathrm{d}x\mathrm{d}y$ 来代替，则在角点 o 下任意深度 z 的 M 点处由该集中力引起的竖向附加应力 $\mathrm{d}\sigma_z$ 为：

$$\mathrm{d}\sigma_z = \frac{3}{2\pi} \frac{p_0 z^3}{(x^2 + y^2 + z^2)^{5/2}} \mathrm{d}x\mathrm{d}y$$

将它对整个矩形荷载面 A 进行积分：

令
$$K_c = \frac{1}{2\pi} \left[\frac{lbz(l^2 + b^2 + 2z^2)}{(l^2 + z^2)(b^2 + z^2)\sqrt{l^2 + b^2 + z^2}} + \arctan \frac{lb}{\sqrt{l^2 + b^2 + z^2}} \right]$$

得：
$$\sigma_z = K_c p_0$$

令 $m = l/b$，$n = z/b$（注意其中 b 为荷载面的短边宽度），则：

$$K_c = \frac{1}{2\pi} \left[\frac{mn(m^2 + 2n^2 + 1)}{(m^2 + n^2)(1 + n^2)\sqrt{m^2 + n^2 + 1}} + \arctan \frac{m}{n\sqrt{m^2 + n^2 + 1}} \right]$$

K_c 为矩形基础均布荷载角点下的竖向附加应力系数，简称角点应力系数，可按 m 及 n 值由表 2-3 查得。

对于矩形基础均布荷载附加应力计算点不位于角点下的情况，可利用角点法求解。

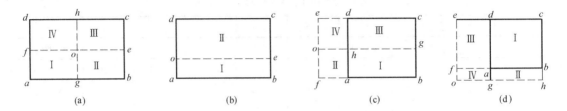

图 2-9

(a) 计算点 o 在荷载面内；(b) 计算点 o 在荷载面边缘；(c) 计算点 o 在荷载面边缘外侧；
(d) 计算点 o 在荷载面角点外侧

计算点不位于矩形荷载面角点下有四种情况（在图 2-9 中 o 点以下任意深度 z 处）。计算时，通过 o 点把荷载面分成若干个矩形面积，这样，o 点就必然是划分出的各个矩形公共角点，然后再计算每个矩形角点下同一深度 z 处的附加应力 σ_z，并求其代数和。四种情况的算式分别如下：

（1）计算点 o 在荷载面边缘（图 2-9b）

$$\sigma_z = (K_{cI} + K_{cII})p_0 \tag{2-15}$$

式中，K_{cI} 和 K_{cII} 分别表示相应于面积 I 和 II 的角点应力系数。必须指出，查表时所取用边长 l 应为任一矩形荷载面的长度，而 b 为宽度，以下各种情况相同，不再赘述。

（2）计算点 o 在荷载面内（图 2-9a）

$$\sigma_z = (K_{cI} + K_{cII} + K_{cIII} + K_{cIV})p_0 \tag{2-16}$$

如果 o 点位于荷载面中心，则 $K_{cI} = K_{cII} = K_{cIII} = K_{cIV}$，得 $\sigma_z = 4K_{cI}p_0$，即得利用角点法求均布的矩形荷载面中心点下 σ_z 的解。

（3）计算点 o 在荷载面边缘外侧（图 2-9c）

此时荷载面 $abcd$ 可看成是由 I（$ofbg$）与 II（$ofah$）面积之差加上 IV（$oecg$）与 III（$oedh$）面积之差合成的，所以

$$\sigma_z = (K_{cI} - K_{cII} - K_{cIII} + K_{cIV})p_0 \tag{2-17}$$

（4）计算点 o 在荷载面角点外侧（图 2-9d）

把荷载面看成由 I（$ohce$）、IV（$ogaf$）面积之和减去 II（$ohbf$）和 III（$ogde$）而成的，所以

$$\sigma_z = (K_{cI} - K_{cII} - K_{cIII} + K_{cIV})p_0 \tag{2-18}$$

z/b \ l/b	1.0	1.2	1.4	1.6	1.8	2.0	3.0	4.0	5.0	6.0	10.0
0.0	0.2500	0.2500	0.2500	0.2500	0.2500	0.2500	0.2500	0.2500	0.2500	0.2500	0.2500
0.2	0.2486	0.2489	0.2490	0.2491	0.2491	0.2491	0.2492	0.2492	0.2492	0.2492	0.2492
0.4	0.2401	0.2420	0.2429	0.2434	0.2437	0.2439	0.2442	0.2443	0.2443	0.2443	0.2443
0.6	0.2229	0.2275	0.2300	0.2315	0.2324	0.2329	0.2339	0.2341	0.2342	0.2342	0.2342
0.8	0.1999	0.2075	0.2120	0.2147	0.2165	0.2176	0.2196	0.2200	0.2202	0.2202	0.2202
1.0	0.1752	0.1851	0.1911	0.1955	0.1981	0.1999	0.2034	0.2042	0.2044	0.2045	0.2046
1.2	0.1516	0.1626	0.1705	0.1758	0.1793	0.1818	0.1870	0.1882	0.1885	0.1887	0.1888
1.4	0.1308	0.1423	0.1508	0.1569	0.1613	0.1644	0.1712	0.1730	0.1735	0.1738	0.1740
1.6	0.1123	0.1241	0.1329	0.1396	0.1445	0.1482	0.1567	0.1590	0.1598	0.1601	0.1604
1.8	0.0969	0.1083	0.1172	0.1241	0.1294	0.1334	0.1434	0.1463	0.1474	0.1478	0.1482
2.0	0.0840	0.0947	0.1034	0.1103	0.1158	0.1202	0.1314	0.1350	0.1363	0.1368	0.1374
2.2	0.0732	0.0832	0.0917	0.0984	0.1039	0.1084	0.1205	0.1248	0.1264	0.1271	0.1277
2.4	0.0642	0.0734	0.0813	0.0879	0.0934	0.0979	0.1108	0.1156	0.1175	0.1184	0.1192
2.6	0.0566	0.0651	0.0725	0.0788	0.0842	0.0887	0.1020	0.1073	0.1095	0.1106	0.1116
2.8	0.0502	0.0580	0.0649	0.0709	0.0761	0.0805	0.0942	0.0999	0.1024	0.1036	0.1048
3.0	0.0447	0.0519	0.0583	0.0640	0.0690	0.0732	0.0870	0.0931	0.0959	0.0973	0.0987
3.2	0.0401	0.0467	0.0526	0.0580	0.0627	0.0668	0.0806	0.0870	0.0900	0.0916	0.0933
3.4	0.0361	0.0421	0.0447	0.0527	0.0571	0.0611	0.0747	0.0814	0.0847	0.0864	0.0882
3.6	0.0326	0.0382	0.0433	0.0480	0.0523	0.0561	0.0694	0.0763	0.0799	0.0816	0.0837
3.8	0.0296	0.0348	0.0395	0.0439	0.0479	0.0516	0.0646	0.0717	0.0753	0.0773	0.0796
4.0	0.0270	0.0318	0.0362	0.0403	0.0441	0.0474	0.0603	0.0674	0.0712	0.0733	0.0758
4.2	0.0247	0.0291	0.0333	0.0371	0.0407	0.0439	0.0563	0.0634	0.0674	0.0696	0.0724
4.4	0.0227	0.0268	0.0306	0.0343	0.0376	0.0407	0.0527	0.0597	0.0639	0.0662	0.0692
4.6	0.0209	0.0247	0.0283	0.0317	0.0348	0.0378	0.0493	0.0564	0.0606	0.0630	0.0663
4.8	0.0193	0.0229	0.0262	0.0294	0.0324	0.0352	0.0463	0.0533	0.0576	0.0601	0.0635
5.0	0.0179	0.0212	0.0243	0.0274	0.0302	0.0328	0.0435	0.0504	0.0547	0.0573	0.0610
6.0	0.0127	0.0151	0.0174	0.0196	0.0218	0.0238	0.0325	0.0388	0.0431	0.0460	0.0506
7.0	0.0094	0.0112	0.0130	0.0147	0.0164	0.0180	0.0251	0.0306	0.0346	0.0376	0.0428
8.0	0.0073	0.0087	0.0101	0.0114	0.0127	0.0140	0.0198	0.0246	0.0283	0.0311	0.0367
9.0	0.0058	0.0069	0.0080	0.0091	0.0102	0.0112	0.0161	0.0202	0.0235	0.0262	0.0319
10.0	0.0047	0.0056	0.0065	0.0047	0.0083	0.0092	0.0132	0.0167	0.0198	0.0222	0.0280

查表时基础长边为 l，短边为 b。

【例 2-1】 某矩形基础面积 $l \times b = 3\text{m} \times 2.3\text{m}$，埋深 $d = 1.5\text{m}$，上部结构传至基础顶面的竖向力设计值 $F = 980\text{kN}$，土的天然重度 $\gamma = 17.5\text{kN/m}^3$，饱和重度 $\gamma_{sat} = 19\text{kN/m}^3$，基础与土的平均重度 $\gamma_G = 20\text{kN/m}^3$，求基础中点不同深度处土的附加应力，如图 2-10 所示。

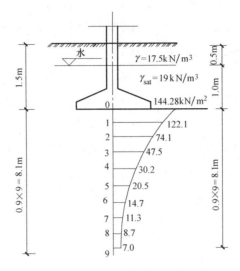

图 2-10 例 2-1 附加应力分布图

【解】 基础及其覆土重：

$$G = \gamma_G l b h_1 + (\gamma_G - \gamma_w) l b h_2 = 20 \times 3 \times 2.3 \times 0.5 + (20 - 10) \times 3 \times 2.3 \times 1 = 138\text{kN}$$

基底平均压力：$p = \dfrac{F + G}{A} = \dfrac{980 + 138}{3 \times 2.3} = 162.03\text{kN/m}^2$

基底处土自重应力：$\sigma_{cz} = 17.5 \times 0.5 + (19 - 10) \times 1 = 17.75\text{kN/m}^2$

基底附加压力：$p_0 = p - \sigma_{cz} = 162.03 - 17.75 = 144.28\text{kN/m}^2$

用角点法求基础中心点下的附加应力，将基础底面积分成四块相同的小矩形，长边 $l = 1.5\text{m}$，短边 $b = 1.15\text{m}$，先求出小面积的角点应力，然后乘以 4 即得结果，计算过程见表 2-4。

基础中点处附加应力沿深度的分布见图 2-10。

例 2-1 计算表　　　　　　　　　　　　表 2-4

层序	基底下深度	l/b	z/b	k_{ci}	$\sigma_z = 4 k_{ci} p_0$
0	0		0	0.2500	144.3
1	0.9		0.8	0.2098	122.1
2	1.8		1.6	0.1285	74.1
3	2.7		2.3	0.0824	47.5
4	3.6	1.5/1.15 = 1.3	3.1	0.0523	30.2
5	4.5		3.9	0.0356	20.5
6	5.4		4.7	0.0255	14.7
7	6.3		5.5	0.0195	11.3
8	7.2		6.3	0.0151	8.7
9	8.1		7.0	0.0121	7.0

2.5 有效应力原理

2.5.1 土中两种应力试验

有两个直径与高度完全相同的量筒，如图 2-11 所示，在这两个量筒的底部分别放置一层性质完全相同的松散砂土。

在甲量筒松砂顶面加若干钢球，使松砂承受 σ 的压力，此时可见松砂顶面下降，表明松砂发生压缩，即砂土的孔隙比 e 减小。

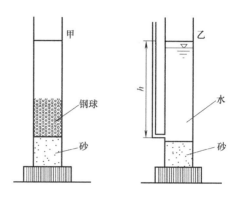

乙量筒松砂顶面不加钢球，而是小心缓慢地注水，在砂面以上高 h 处正好使砂层表面也增加 σ 的压力，结果发现砂层顶面并不下降，表明砂土未发生压缩，即砂土的孔隙比 e 不变。这种情况类似于在量筒内放一块饱水的棉花，无论向量筒内倒多少水也不能使棉花发生压缩一样。

图 2-11 土中两种应力试验

上述甲、乙两个量筒底部松砂都作用了 σ 的压力，但产生了两种不同的效果，反映出土体中存在两种不同性质的应力：①由钢球施加的应力，通过砂土的骨架传递，这种骨架应力称为有效应力，用 σ' 来表示。有效应力能使土层发生压缩变形，从而使土的强度发生变化。②由水施加的应力通过孔隙中水来传递，称为孔隙水压力，用 u 来表示。这种孔隙水压力不能使土层发生压缩变形。

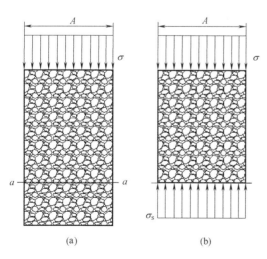

(a)   (b)

图 2-12 有效应力分析

2.5.2 有效应力原理

考虑图 2-12 所示的土体平衡条件，沿 $a-a$ 截面取脱离体。$a-a$ 截面是沿着土颗粒间接触面截取的曲线状截面，在此截面上，土颗粒接触面间作用的法向应力为 σ_s，各土颗粒之间接触面积之和为 A_s；孔隙内的水压力为 u，面积为 A_w；气体压力为 u_a，其相应的面积为 A_a。由此可建立平衡条件如下：

$$\sigma A = \sigma_s A_s + u A_w + u_a A_a \tag{2-19}$$

式中 σ——作用在截面上的总应力，kPa。

31

对于饱和土体，$A_a = 0$，上式变为

$$\sigma A = \sigma_s A_s + u A_w = \sigma_s A_s + u(A - A_s)$$

则

$$\sigma = \frac{\sigma_s A_s}{A} + u\left(1 - \frac{A_s}{A}\right) \qquad (2\text{-}20)$$

由于颗粒间的接触面积 A_s 很小，根据毕肖普（Bishop）及伊尔定（Eldin）等人的研究结果，一般 $A_s/A \leqslant 0.03$。因此，$1 - \frac{A_s}{A} \approx 1$。故式（2-20）变为：

$$\sigma = \frac{\sigma_s A_s}{A} + u \qquad (2\text{-}21)$$

式（2-21）中的 $\sigma_s A_s$ 是土颗粒间的接触压力，$\frac{\sigma_s A_s}{A}$ 是土颗粒之间接触应力的平均值，即有效应力 σ'，则式（2-21）变为：

$$\sigma = \sigma' + u \qquad (2\text{-}22)$$

式（2-22）即有效应力原理，它说明饱和土体承受的总应力为有效应力 σ' 和孔隙水压力 u 之和。

式（2-22）也可写为

$$\sigma' = \sigma - u \qquad (2\text{-}23)$$

有效应力公式的形式很简单，却具有重要的工程应用价值。当已知土体中某一点所受的总应力 σ，并测得该点的孔隙水压力 u 时，就可以利用式（2-23）计算出该点的有效应力 σ'。如前所述，土的变形和强度只随有效应力而变化。因此，只有通过有效应力分析，才能准确地确定建筑物或建筑地基的变形与安全度。

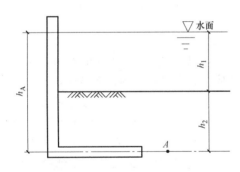

图 2-13　有水时土中有效应力计算

2.5.3　有效应力原理应用举例

1. 地表水位高度变化时土中应力变化

如图 2-13 所示，地面以上水深为 h_1，试求地面以下深度 h_2 处 A 点的有效应力。

作用在 A 点的竖向总应力为：

$$\sigma = \gamma_w h_1 + \gamma_{sat} h_2$$

A 点的孔隙水压力为：

$$u = \gamma_w h_A = \gamma_w (h_1 + h_2)$$

根据式（2-23），可得 A 点的有效应力为：

$$\bar{\sigma} = \sigma - u = \gamma_w h_1 + \gamma_{sat} h_2 - \gamma_w (h_1 + h_2) = (\gamma_{sat} - \gamma_w) h_2 = \gamma' h_2$$

由此可见，当地面以上水深 h_1 变化时，可以引起土体中总应力 σ 变化，但有效应力 σ' 不会随 h_1 的升降而变化，即 σ' 与 h_1 无关，也即 h_1 的变化不会引起土体的压缩或膨胀。

2. 毛细水上升时土中有效自重应力的计算

地基土层如图 2-14 所示，地下潜水位在 C 线处。由于毛细现象，地下潜水沿着彼此连通的土孔隙上升形成毛细饱和水带，其上升高度为 h_c，在 B 线以下、C 线以上的毛细水带内，土是完全饱和的。

竖向有效自重应力为总应力与孔隙水压力之差，具体计算见表 2-5 和图 2-14。

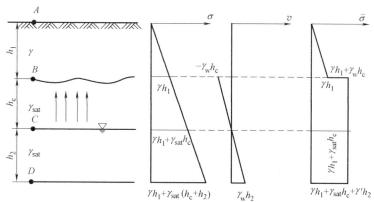

图 2-14　毛细水上升时土中总应力、孔隙水压力及有效应力计算

毛细水上升时土中总应力、孔隙水压力及有效应力计算　　　　表 2-5

计算点		总应力 σ	孔隙水压力 u	有效应力 σ'
A		0	0	0
B	B 点上	γh_1	0	γh_1
	B 点下	γh_1	$-\gamma_w h_c$	$\gamma h_1 + \gamma_w h_c$
C		$\gamma h_1 + \gamma_{sat} h_c$	0	$\gamma h_1 + \gamma_{sat} h_c$
D		$\gamma h_1 + \gamma_{sat}(h_c + h_2)$	$\gamma_w h_2$	$\gamma h_1 + \gamma_{sat} h_c + \gamma' h_2$

在毛细水上升区，表面张力的作用使孔隙水压力为负值（因为静水压力值假定大气压力为零，即 C 线处静水压力为零，则在 C 线以上、B 线以下的毛细水带内孔隙水压力为负值），而使有效应力增加。在地下水位以下，水对土颗粒的浮力作用使土的有效应力减小。

3. 土中水渗流时（一维渗流）有效应力计算

当地下水在土体中渗流时，对土颗粒将产生动水力，这就必然影响土中有效应力的分布。现通过如图 2-15 所示的 3 种情况，说明土中水渗流对有效应力分布的影响。

图 2-15（a）中水静止不动，即土中 a、b 两点的水头相等；图 2-15（b）表示土中 a、b 两点有水头差 h，水自上而下渗流；图 2-15（c）表示土中 a、b 两点水头差也为 h，但水自下而上渗流。现按上述 3 种情况计算土中的总应力 σ，孔隙水压力 u 及有效应力 σ' 值，列于表 2-6，并绘出分布图，如图 2-15 所示。

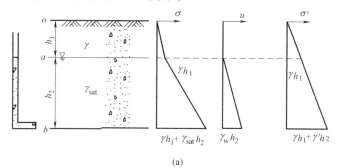

(a)

图 2-15　土中水渗流时的总应力、孔隙水压力及有效应力分布（一）

(a) 静水时

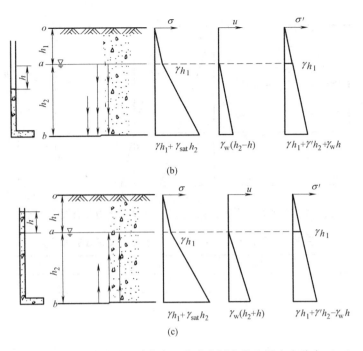

图 2-15 土中水渗流时的总应力、孔隙水压力及有效应力分布（二）

（b）水自上向下渗流；（c）水自下向上渗流

土中水渗流时总应力 σ、孔隙水压力 u 及有效应力 σ' 的计算　　　　表 2-6

渗流情况	计算点	总应力 σ	孔隙水压力 u	有效应力 σ'
水静止时	a	γh_1	0	γh_1
	b	$\gamma h_1 + \gamma_{sat} h_2$	$\gamma_w h_2$	$\gamma h_1 + (\gamma_{sat} - \gamma_w) h_2$
水自上向下渗流	a	γh_1	0	γh_1
	b	$\gamma h_1 + \gamma_{sat} h_2$	$\gamma_w (h_2 - h)$	$\gamma h_1 + (\gamma_{sat} - \gamma_w) h_2 + \gamma_w h$
水自下向上渗流	a	γh_1	0	γh_1
	b	$\gamma h_1 + \gamma_{sat} h_2$	$\gamma_w (h_2 + h)$	$\gamma h_1 + (\gamma_{sat} - \gamma_w) h_2 - \gamma_w h$

　　从表 2-6 和图 2-15 的计算结果可见，3 种不同情况下土中总应力 σ 的分布是相同的，即土中水的渗流不影响总应力值。水渗流时在土中产生动水力，使土中有效应力发生变化。土中水自上向下渗流时，动水力方向与土的重力方向一致，于是有效应力增加。反之，土中水自下向上渗流导致土中有效应力减少。

2.6　地基的变形计算

2.6.1　土的压缩性

　　土在压力作用下体积缩小的特性为土的压缩性，试验研究表明，在一般压力（100～600kPa）作用下，土粒和水的压缩与土的总压缩量之比是很微小的，因此可以忽略不计，所以把土的压缩看作为土中孔隙体积的减小。此时，土粒调整位置，重新排列，互相挤紧。饱和土压缩时，随着孔隙体积的减少土中孔隙水被排出。

土的压缩性是由土的压缩系数、压缩指数、压缩模量（有侧限压缩试验确定）、变形模量（现场原位载荷试验确定）、应力历史（重复荷载试验确定）决定的。有侧限压缩试验是各工程必须做的，而其他两个试验在高层或重要建筑中用到。我们可以从理论上导出压缩模量与变形模量的关系。

在荷载作用下，透水性大的饱和无黏性土，其压缩过程在短时间内就可以结束，相反地，黏性土的透水性差，饱和黏性土中的水分只能慢慢排出，因此其压缩稳定所需的时间要比砂土长得多。土的压缩随时间而增长的过程，称为土的固结。随着固结时间的增长，土的物理力学性质会不断地改善。

2.6.2 压缩试验和压缩曲线

1. 压缩试验

室内压缩试验时，用金属环刀切取保持天然结构的原状土样，并置于圆筒形压缩容器的刚性护环内，土样上下各垫有一块透水石，土样受压后土中水可以自由排出。由于金属环刀和刚性护环的限制，土样在压力作用下只可能发生竖向压缩，而无侧向变形。土样在天然状态下或经人工饱和后，进行逐级加压固结，以便测定各级压力 p 作用下土样压缩稳定后的孔隙比变化。

2. 压缩曲线

压缩曲线是室内土的压缩试验成果，它是土的孔隙比与所受压力的关系曲线，如图 2-16 所示。设土样的初始高度为 H_0，受压后土样高度为 H，则 $H = H_0 - s$，s 为外压力 p 作用下土样压缩稳定后的变形量，如图 2-17 所示。根据土的孔隙比定义，假设土粒体积 $V_s = 1$（不变），则土样孔隙体积 V_v 在受压前相应于初始孔隙比 e_0，在受压后相应于孔隙比 e，如图 2-17 所示。

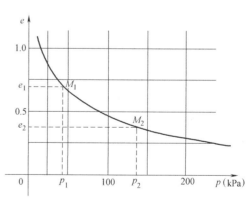

图 2-16　e-p 压缩曲线

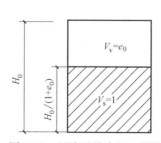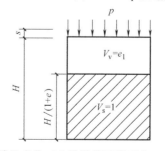

图 2-17　压缩试验中的土样孔隙比变化（土样横截面积不变）

为求土样压缩稳定后的孔隙比 e，利用受压前后土粒体积不变和土样横截面积不变的两个条件，得出：

$$\frac{H_0}{1+e_0} = \frac{H}{1+e} = \frac{H_0 - s}{1+e}$$

或
$$e=e_0-\frac{s}{H_0}(1+e_0)$$
(2-24)

式中，$e_0=\dfrac{d_s(1+\omega_0)}{\gamma_0}-1$，其中 d_s、ω_0、γ_0 分别为土粒比重、土样的初始含水量和初始重度。

这样，只要测定土样在各级压力 p 作用下的稳定压缩量 s 后，就可按上式算出相应的孔隙比 e，从而绘制土的压缩曲线。

压缩曲线绘制的一种方法是采用普通直角坐标绘制的 e-p 曲线。在常规试验中，一般按 $p=50$、100、200、300、400kPa 五级加荷。

另一种绘制方法的横坐标取 p 的常用对数值，即采用半对数直角坐标纸绘制成 e-$\lg p$ 曲线，试验时以较小的压力开始，采取小增量多级加荷，并加到较大的荷载（如 1000kPa）为止。

2.6.3 土的压缩性指标

由土的压缩曲线可得土的压缩性指标：压缩系数、压缩指数、压缩模量。

1. 压缩系数

压缩性不同的土，其 e-p 曲线的形状是不一样的。曲线愈陡，说明随着压力的增加，土孔隙比的减小愈显著，因而土的压缩性愈高。所以，e-p 曲线上任一点的切线斜率 a 就表示了相应于压力 p 作用下土的压缩性，a 称为土的压缩系数，即：
$$a=-\frac{\mathrm{d}e}{\mathrm{d}p}$$
(2-25)

式中，"一"表示随着压力 p 的增加，e 逐渐减小。

一般研究土中某点由原来的自重应力 p_1 增加到外荷作用下的土中应力 p_2 这一压力间隔所表征的压缩性。

设压力由 p_1 增至 p_2，相应的孔隙比由 e_1 减小到 e_2，则与应力增量 $\Delta p=p_2-p_1$ 对应的孔隙比变化为 $\Delta e=e_1-e_2$。如图 2-16 所示，土的压缩性可用图中割线 M_1M_2 的斜率表示。设割线与横坐标的夹角为 α，则：
$$a\approx\tan\alpha=\frac{\Delta e}{\Delta p}=\frac{e_1-e_2}{p_2-p_1}$$
(2-26)

式中　a——土的压缩系数，kPa^{-1} 或 MPa^{-1}；

　　　p_1——一般是指地基某深度处土中竖向自重应力，kPa；

　　　p_2——地基某深度处土中自重应力与附加应力之和，kPa；

　　　e_1——相应于 p_1 作用下压缩稳定后的孔隙比；

　　　e_2——相应于 p_2 作用下压缩稳定后的孔隙比。

为了便于应用和比较，通常采用压力间隔由 $p_1=100$kPa 增加到 $p_2=200$kPa 时所得的压缩系数 a_{1-2} 来评定土的压缩性。

用压缩系数 a_{1-2} 来评定土的压缩性：

当 $a_{1-2}<0.1MPa^{-1}$ 时，属低压缩性土；

当 $0.1MPa^{-1}\leqslant a_{1-2}<0.5MPa^{-1}$ 时，属中压缩性土；

当 $a_{1-2}\geqslant 0.5MPa^{-1}$ 时，属高压缩性土。

2. 压缩指数

土的 e-p 曲线改绘成半对数压缩曲线 e-$\lg p$ 曲线时，它的后段接近直线。其斜率 C_c 为：

$$C_c=\frac{e_1-e_2}{\lg p_2-\lg p_1}=(e_1-e_2)/\lg\frac{p_2}{p_1} \tag{2-27}$$

式中，C_c 称为土的压缩指数，以便与土的压缩系数 a 区别。

与压缩系数 a 一样，压缩指数 C_c 值越大，土的压缩性越高。C_c 与 a 不同，它在直线段范围内并不随压力而变化，试验时要求斜率确定得很仔细，否则差别很大。低压缩性土的 C_c 值一般小于 0.2，C_c 值大于 0.4 时一般属于高压缩性土。国内外广泛采用 e-$\lg p$ 曲线来研究应力历史对土的压缩性的影响，这对重要建筑物的沉降计算具有现实意义。

3. 压缩模量（侧限压缩模量）

根据 e-p 曲线，可以计算另一个压缩性指标——压缩模量 E_s。它的定义是土在完全侧限条件下的竖向附加压应力与相应的应变增量之比值。土的压缩模量 E_s 可根据下式计算：

$$E_s=\frac{1+e_1}{a} \tag{2-28}$$

式中　E_s——土的压缩模量，kPa 或 MPa；

　　a——土的压缩系数，$\mathrm{kPa^{-1}}$ 或 $\mathrm{MPa^{-1}}$；

　　e_1——相应于 p_1 作用下压缩稳定后的孔隙比，意义同式（2-26）。

如果已知压缩曲线中的土样孔隙比变化（$\Delta e=e_1-e_2$），则可反算相应的土样高度变化 $\Delta H=H_1-H_2$，如图 2-18 所示。

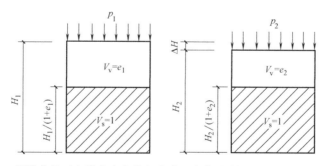

图 2-18　侧限条件下土样高度变化与孔隙比变化的关系（土样横截面积不变）

如图 2-18 所示，将 $\dfrac{H_0}{1+e_0}=\dfrac{H}{1+e}=\dfrac{H_0-s}{1+e}$ 或 $e=e_0-\dfrac{s}{H_0}(1+e_0)$ 变换为：

$$\frac{H_1}{1+e_1}=\frac{H_2}{1+e_2}=\frac{H_1-\Delta H}{1+e_2} \quad 或 \quad \Delta H=\frac{e_1-e_2}{1+e_1}H_1=\frac{\Delta e}{1+e_1}H_1$$

由于 $\Delta e=a\Delta p$，则：

$$\Delta H=\frac{a\Delta p}{1+e_1}H_1$$

由此得侧限条件下土的压缩模量：

$$E_s=\frac{\Delta p}{\Delta H/H_1}=\frac{1+e_1}{a} \tag{2-29}$$

上式表示土样在侧限条件下，当土中应力变化不大时，土的压缩应变增量 $\Delta H / H_1$ 与压缩应力增量 Δp 成正比，E_s 称为土的压缩模量，也称侧限压缩模量，以便与一般材料在无侧限条件下简单拉伸或压缩时的弹性模量区别。

土的压缩模量 E_s 是以另一种方式表示土的压缩性指标，土的压缩模量 E_s 越小，表示土的压缩性越高。

2.6.4 地基的最终沉降量

地基的最终沉降量，通常采用分层总和法和规范法计算。

1. 分层总和法

分层总和法是在地基沉降计算深度范围内划分为若干层，计算各分层的压缩量，然后求其总和。计算时应先按基础荷载、基底形状和尺寸，以及土的有关指标确定地基沉降计算深度，且在地基沉降计算深度范围内进行分层，然后计算基底附加应力、各分层的顶面、底面处自重应力平均值和附加应力平均值。

计算地基最终沉降量的分层总和法，通常假定地基土压缩时不允许侧向变形（膨胀），即采用侧限条件下的压缩性指标，这样得到的沉降量偏小，因此通常取基底中心点下的附加应力 σ_z 进行计算。

当基础底面以下可压缩土层较薄且其下为不可压缩的岩层时，一般当可压缩土层厚度 H 小于基底宽度 b 的 1/2 时，由于基底摩阻力和岩层层面摩阻力对可压缩土层的限制作用，土层压缩时只出现很少的侧向变形，因而认为它与压缩仪中土样的受力和变形条件很接近，地基的最终沉降量 s 可直接利用式 $\Delta H = \dfrac{e_1 - e_2}{1 + e_1} H_1 = \dfrac{\Delta e}{1 + e_1} H_1$ 计算，以 s 代替其中的 ΔH，以 H 代替 H_1，即得：

$$s = \frac{e_1 - e_2}{1 + e_1} H \tag{2-30}$$

式中　H——可压缩土层的厚度，m；

e_1——根据薄土层顶面处和底面处自重应力的平均值 σ_c（即 p_1）从土的压缩曲线上查得的相应孔隙比；

e_2——根据薄土层的顶面处和底面处自重应力平均值 σ_c 与附加应力平均值 σ_z（即 Δp 近似等于基底平均附加压力 p_0）之和（即总压应力 $\sigma_s + \sigma_z = p_2$），从土的压缩曲线上得到的相应孔隙比。

实际上，大多数地基的可压缩土层较厚而且是成层的。计算时必须确定地基沉降计算深度，且在地基沉降计算深度范围内进行分层，然后计算各分层的顶面、底面处自重应力平均值和附加应力平均值。

所谓地基沉降计算深度是指自基础底面向下需要计算压缩变形所到达的深度，也称地基压缩层深度，该深度以下土层的压缩变形值小到可以忽略不计，如图 2-19 所示。地基沉降计算深度的下限，一般取地基附加应力等于自重应力的 20% 处，即 $\sigma_z \leqslant 0.2\sigma_c$ 处，在该深度以下如有高压缩性土，则应继续向下计算至 $\sigma_z = 0.1\sigma_c$ 处，计算精度均为 ±5kPa。

计算步骤如下：

（1）土的分层

将基础下的土层分为若干薄层，分层的原则是：

1）不同土层的分界面；

2）地下水位处；

3）应保证每薄层内附加应力分布线近似于直线，以便较准确地求出各层内附加应力平均值，一般可采用上薄下厚的方法分层；

4）每层土的厚度应小于基础宽度的0.4倍。

（2）计算自重应力

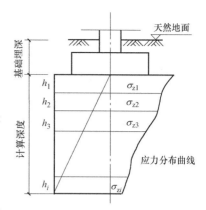

图 2-19　分层总和法计算地基沉降

按计算公式 $\sigma_{cz} = \sum_{i=1}^{n} \gamma_i h_i$ 计算出铅直向自重应力在基础中心点沿深度 z 的分布，并按一定比例绘于 z 深度线的左侧。

注意：若开挖基坑后土体不产生回弹，自重应力从地面算起；地下水位以下采用土的浮重度计算。

（3）计算附加应力

计算附加应力在基底中心点处沿深度 z 的分布，按一定比例绘在 z 深度线右侧。

注意：附加应力应从基础底面算起。

（4）受压层下限的确定

从理论上讲，在无限深度处仍有微小的附加应力，仍能引起地基的变形。考虑到在一定的深度处，附加应力已很小，它对土体的压缩作用已不大，可以忽略不计。因此在实际工程计算中，可采用基底以下某一深度作为基础沉降计算的下限深度。工程中常以下式作为确定条件：

$$\sigma_{zn} \leqslant 0.2\sigma_{czn} \tag{2-31}$$

式中　σ_{zn}——深度 z_n 处的铅直向附加应力，kPa；

　　　σ_{czn}——深度 z_n 处的铅直向自重应力，kPa。

即在深度 z_n 处，自重应力应该超过附加应力的5倍以上，其下的土层压缩量可忽略不计。但是，当 z_n 深度以下存在较软的高压缩土层时，实际计算深度还应加大，对软黏土应该加深至 $\sigma_{zn} \leqslant 0.1\sigma_{czn}$。

（5）计算各分层的自重应力、附加应力平均值

在计算各分层自重应力平均值与附加应力平均值时，可将薄层底面与顶面的计算值相加除以2（即取算术平均值）。

（6）确定各分层压缩前后的孔隙比

由各分层平均自重应力、平均自重应力与平均附加应力之和在相应的压缩曲线上查得初始孔隙比 e_{1i}、压缩稳定后的孔隙比 e_{2i}。

（7）计算地基最终变形量

$$S = \sum_{i=1}^{n} \frac{e_{1i} - e_{2i}}{1 + e_{1i}} h_i$$

【例 2-2】　某建筑物地基中的应力分布及土的压缩曲线如图2-20和图2-21所示，用分层总和法计算第二层土的变形量。

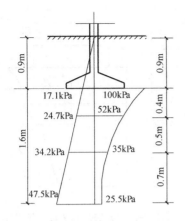

图 2-20 例 2-2 应力分布图

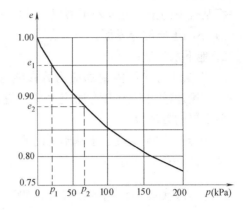

图 2-21 例 2-2 压缩曲线

【解】 （1）计算第二层土的自重应力平均值

$$\sigma_{cz}=\frac{24.7+34.2}{2}=29.4\text{kPa}=p_1$$

（2）计算第二层土的附加应力平均值

$$\sigma_z=\frac{52+35}{2}=43.5\text{kPa}$$

（3）自重应力与附加应力之和

$$\sigma_{cz}+\sigma_z=29.45+43.5=72.95\text{kPa}=p_2$$

（4）查压缩曲线求 e_1、e_2

$$e_1=0.945, e_2=0.882$$

（5）计算第二层土的变形量

$$S_2=\frac{e_1-e_2}{1+e_1}h_2=\frac{0.945-0.882}{1+0.945}\times500=16.20\text{mm}$$

则变形值为 16.20mm。

2. 规范法

《建筑地基基础设计规范》GB 50007—2011 提出的计算最终沉降量的方法，是基于分层总和法的思想，应用平均附加应力面积的概念，按天然土层界面以简化由于过分分层引起的繁琐计算，并结合大量工程实际中沉降量观测的统计分析，以经验系数 ψ_s 进行修正，求得地基的最终变形量。

（1）基本公式

$$s=\psi_s s'=\psi_s\sum_{i=1}^{n}(z_i\overline{a}_i-z_{i-1}\overline{a}_{i-1})\frac{p_0}{E_{si}} \tag{2-32}$$

式中 s ——地基的最终沉降量，mm；

s' ——按分层总和法求得的地基沉降量，mm；

ψ_s ——沉降计算经验系数；

n ——地基变形计算深度范围内天然土层数；

p_0 ——基底附加应力；

E_{si}——基底以下第 i 层土的压缩模量，按第 i 层实际应力变化范围取值；

z_i，z_{i-1}——分别为基础底面至第 i 层，$i-1$ 层底面的距离；

$\overline{a}_i$，$\overline{a}_{i-1}$——分别为基础底面到第 i 层，$i-1$ 层底面范围内中心点下的平均附加系数，对于矩形基础，基底为均布附加应力时，中心点以下的附加应力为 l/b 和 z/b 的函数，可查表 2-3 得到。

（2）沉降计算修正系数 ψ_s

ψ_s 综合反映了计算公式中一些未能考虑的因素，它是根据大量工程实例中沉降的观测值与计算值的统计分析比较而得的。ψ_s 的确定与地基土的压缩模量 $\overline{E}_s$、承受的荷载有关，具体见表 2-7。

沉降经验系数 Ψ_s　　　　　　　　　　　　　　表 2-7

$\overline{E}_s$(MPa) 基底附加应力	2.5	4.0	7.0	15.0	20.0
$p_0 \geqslant f_{ak}$	1.4	1.3	1.0	0.4	0.2
$p_0 < 0.75 f_{ak}$	1.1	1.0	0.7	0.4	0.2

注：f_{ak} 为地基承载力特征值。

$\overline{E}_s$ 为沉降计算深度范围内的压缩模量当量值，按下式计算：

$$\overline{E}_s = \frac{\sum A_i}{\sum \dfrac{A_i}{E_{si}}} \tag{2-33}$$

式中　A_i——第 i 层平均附加应力系数，沿土层深度的积分值；

　　　E_{si}——相应于该土层的压缩模量。

（3）地基沉降计算深度 Z_n

《建筑地基基础设计规范》GB 50007—2011 规定地基沉降计算深度的确定分两种情况：

1）当基础无相邻荷载影响时

$$Z_n = b(2.5 - 0.4 \ln b) \tag{2-34}$$

式中　b——基础宽度（m），取值范围为 1～30m。

2）当基础存在相邻荷载影响时

在此情况下，应符合式（2-35）的要求：

$$\Delta S_n' \leqslant 0.025 \sum_{i=1}^{n} \Delta S_i' \tag{2-35}$$

式中　$\Delta S_n'$——计算深度处向上取厚度为 Δz 的薄土层的沉降计算值。Δz 的厚度选取与基础宽度 b 有关，见表 2-8；

　　　$\Delta S_i'$——计算深度范围内第 i 层土的沉降计算值。

Δz 值表　　　　　　　　　　　　　　表 2-8

b(m)	$\leqslant 2$	$2 < b \leqslant 4$	$4 < b \leqslant 8$	$8 < b \leqslant 15$	$15 < b \leqslant 30$	> 30
Δz(m)	0.3	0.6	0.8	1.0	1.2	1.5

【例2-3】 某柱下方形独立基础，底面边长为4m，埋深$d=1.5m$，上部结构传至基础顶面的中心荷载$F=2000kN$。地质剖面及土的物理力学指标如图2-22所示，地基承载力特征值$f_{ak}=180kPa$，试按规范法计算地基最终沉降量。

【解】 （1）计算基底附加压力

基底压力：$p=\dfrac{F}{A}+20d=\dfrac{2000}{4\times4}+20\times1.5=155kPa$

基底处的自重应力：$\sigma_{cz}=18\times1.5=27kPa$

基底附加压力：$p_0=p-\sigma_{cz}=155-27=128kPa$

（2）确定分层厚度

按天然土层分层：从基础底面开始共分3层。

粉质黏土层：地下水位以上2m；地下水位以下2m。

黏土层：取至沉降计算深度处。

（3）确定z_n

由于无相邻荷载影响，地基沉降计算深度为：

$z_n=b(2.5-0.4\ln4)=4\times(2.5-0.4\ln4)$
$=7.8m$

取$z_n=8m$

（4）计算$\overline{a}_i$

$\overline{a}_i$为基础中心点下的平均附加应力系数，故应过基底中点将其划分为四块相同的正方形，根据其长宽比$l/b=2/2=1.0$、z/b值按角点法查表，求出不同深度处$\overline{a}_i$，再将四块数值叠加，即$\overline{a}_i=4\overline{a}_{il}$。计算结果见表2-9。

（5）计算$\Delta S'_i$和S'

计算$\Delta S'_i$，如对0~1分层

$$\Delta S'_i=\frac{P_0}{E_{si}}(z_i\overline{a}_i-z_{i-1}\overline{a}_{i-1})=\frac{128}{2.52}(2\times0.9008-0\times1.0)=91.5mm$$

其余计算结果见表2-9。

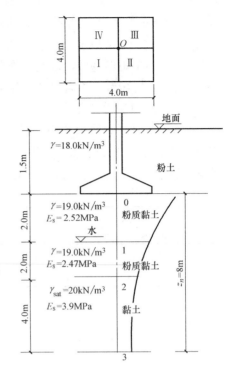

图2-22 例2-3地质剖面图

例2-3计算结果汇总表 表2-9

点	z (m)	l/b	z/b	$\overline{a}_i$(m)	$z_i\overline{a}_i-z_{i-1}\overline{a}_{i-1}$	E_{si} (MPa)	$\Delta S'_i$ (mm)	$\sum\Delta S'_i$ (mm)
0	0	1.0	0	$4\times0.2500=1.00$				
1	2.0	1.0	1.0	$4\times0.2252=0.9008$	1.802	2.52	91.5	
2	4.0	1.0	2.0	$4\times0.1740=0.6984$	0.992	2.47	51.4	
3	8.0	1.0	4.0	$4\times0.1114=0.4456$	0.771	3.9	25.31	168.2

$$\overline{E}_s = \frac{\sum A_i}{\sum \frac{A_i}{E_{si}}} = \frac{1.802 + 0.992 + 0.771}{\frac{1.802}{2.52} + \frac{0.992}{2.47} + \frac{0.771}{3.9}} = 2.71 \text{MPa}$$

$$p_0 (= 128 \text{kPa}) < 0.75 f_{ak} (= 0.75 \times 180 = 135 \text{kPa})$$

查表得　　$\psi_s = 1.1 + \frac{2.65 - 2.5}{4.0 - 2.5} \times (1.0 - 1.1) = 1.09$

（6）计算地基最终沉降量

$$s = \psi_s S' = \psi_s \sum_{i=1}^{n} \Delta S_i = 1.09 \times 168.2 = 183 \text{mm}$$

2.7　地基变形与时间的关系

地基变形需要一定时间才能完成，对于碎石土和砂土地基，因其渗透性大，压缩性小，施工期间最终沉降量基本完成；对高压缩性的饱和黏性土，压缩性变形过程较长，一般几十天甚至几十年沉降才能稳定。

上节讨论了地基最终沉降的计算，但工程中还需要了解建筑物在施工期间或竣工以后任意时间的地基变形，以评估对建筑各阶段的影响，以便合理地进行设计与施工。地基土变形的快慢，主要取决于土的透水性大小和排水条件。

2.7.1　土的渗透性

地基中的水，在有水头差（或压力差）时，将通过土的孔隙流动，称为渗流。

为了说明水在土中渗流的一个重要规律，可进行常水头和变水头试验。试验证明，水在土中的渗透速度与 Δh 成正比而与 l 成反比，即：

$$v = k \frac{\Delta h}{l} = ki \tag{2-36}$$

式中　v——水在土中的渗透速度（mm/s），它不是地下水的实际流速，而是在单位时间（s）内流过土体单位截面积（mm^2）的水量（mm^3）；

　　　i——水头梯度，$i = \frac{\Delta h}{l}$，即土中两点的水头差 Δh 与其距离 l 的比值；

　　　k——土的渗透系数（mm/s 或 m/a），与土的渗透性强弱有关，可通过室内渗透试验或现场抽水试验测定。

常见的几种土的渗透系数参考值见表 2-10 。式（2-36）是达西（Darcy，1885）根据砂土的渗透试验得出的，故称为达西定律。

土的渗透系数参考值表　　　　表 2-10

土　名	渗透系数（mm/s）	土　名	渗透系数（mm/s）
致密黏土	$<10^{-6}$	粉砂、细砂	$10^{-2} \sim 10^{-3}$
粉质黏土	$10^{-5} \sim 10^{-6}$	中砂	$1 \sim 10^{-2}$
粉土	$10^{-3} \sim 10^{-5}$	粗砂、砾石	$1 \sim 10^3$

2.7.2 饱和土的渗透固结

饱和土体在附加应力作用下,只有当土体孔隙中水排出后才可能产生压缩变形。这种排水与压缩过程称为土的渗透固结,简称固结。

饱和土体中的水发生渗透排水,是孔隙中的水在附加应力作用下受到了相应的压力,这种压力称为孔隙水压力,用符号 u 表示。它高于原来承受的静水压力,故又称为超静水压力。

饱和土体由颗粒骨架和孔隙水两部分组成。在固结过程中,不仅孔隙水受到附加应力作用,颗粒骨架也分担一部分附加应力,后者称为有效应力,用符号 σ' 表示。在固结过程中,这两部分应力的比例不断变化。

在饱和土固结过程中的任一时间 t,土骨架承担的有效应力 σ' 与孔隙水承担的超静孔隙水压力 u 之和总是等于作用在土中的附加应力 σ_z,即

$$\sigma' + u = \sigma_z \tag{2-37}$$

该式即为著名的有效应力原理,由上式可知,在加压的那一瞬间,由于 $u = \sigma_z$,所以 $\sigma' = 0$;而在固结变形完全稳定时,$u = 0$,$\sigma' = \sigma_z$。因此,只要土中孔隙水压力还存在,就意味着土的渗透固结尚未完成。换句话说,饱和土的固结过程就是孔隙水压力的消散和有效应力相应增长的过程,在渗透固结过程中,土的体积逐渐变小,有效应力增长,强度提高。

2.7.3 地基沉降与时间的关系

下面讨论地基在一维固结中的沉降与时间的关系。所谓一维固结,是指饱和黏土层在渗透固结过程中,孔隙水只沿一个方向渗流,同时土颗粒也只朝一个方向位移。此时,通常需要用到地基固结度 U 指标,其定义为:

$$U = S_t / S \tag{2-38}$$

式中 S_t——地基在某一时刻 t 的沉降量;

　　　　S——地基的最终沉降量。

地基固结度 U,可简单理解为在某一时刻有效应力图面积和最终有效应力图面积之比,可按下式计算(数学方程推导过程略):

$$U = 1 - \frac{8}{\pi^2} \sum_{n=1}^{\infty} \frac{1}{(2n-1)^2} e^{-\pi^2 (2n-1)^2 T_v / 4} \tag{2-39}$$

式中 T_v——时间因数,$T_v = \dfrac{C_v t}{h^2}$;

　　　　C_v——土的竖向固结系数(cm^2/年),$C_v = \dfrac{k(1+e)}{\gamma_w a}$;

　　　　k——土的渗透系数(m/a);

　　　　e——固结开始时土的孔隙比;

　　　　a——土的压缩系数(MPa^{-1});

　　　　γ_w——水的重度(kN/m^3);

　　　　t——固结时间;

h——压缩土层最远的排水距离，当土层为单面（上面或下面）排水时，取土层厚度；双面排水时，水由土层中心分别向上、下两个方向排出，此时应取土层厚度的一半。

当 $U>30\%$ 时，可近似地取式（2-40）：

$$U_0 = 1 - \frac{8}{\pi^2} e^{-\pi^2 T_v/4} \tag{2-40}$$

以上公式适用于附加应力上下均布的情况，也适用于双面排水附加应力直线分布的情况。对于地基为单面排水且上下面附加应力又不相等的情况，可由 $a = \dfrac{\text{排水面附加应力}}{\text{不排水面附加应力}} = \dfrac{\sigma'_z}{\sigma''_z}$，查《建筑地基处理技术规范》JGJ 79—2012 中的 $U\text{-}T_v$ 曲线。

根据 $U\text{-}T_v$ 关系曲线，可以求出某一时间 t 所对应的固结度，从而计算出相应的沉降 S_t；也可以按照某一固结度（相应的沉降为 S_t），推算出所需的时间 t。

2.7.4 饱和黏性土地基沉降的三个阶段

基础沉降按其原因和次序分为：瞬时沉降 S_d、主固结沉降 S_c 和次固结沉降 S_s。

瞬时沉降是指加荷后立即发生的沉降，对饱和土地基，土中水尚未排出的条件下，沉降主要由土体侧向变形引起；这时土体不发生体积变化（初始沉降，不排水沉降）。

固结沉降是指超静孔隙水压力逐渐消散，使土体积压缩引起的渗透固结沉降，也称主固结沉降，它随时间而逐渐增长。

次固结沉降是指超静孔隙水压力基本消散后，主要由土粒表面结合水膜发生蠕变等引起的，它将极其缓慢地沉降（徐变沉降）。因此建筑物基础的总沉降量应为上述三部分之和，即

$$S = S_d + S_c + S_s \tag{2-41}$$

2.8 地基变形特征与建筑物沉降观测

2.8.1 地基的变形特征

地基变形特征有以下四种：

沉降量——指基础中心点的沉降值；

沉降差——指相邻单独基础沉降量的差值；

倾斜——指基础倾斜方向两端点的沉降差与其距离的比值；

局部倾斜——指砌体承重结构沿纵墙 6~10m 内基础某两点的沉降差与其距离的比值。

当建筑物地基不均匀或上部荷载差异过大及结构体型复杂时，对于砌体承重结构应由局部倾斜控制；对于框架结构和单层排架结构应由沉降差控制；对于多层或高层建筑和高耸结构应由倾斜控制。

2.8.2　建筑物沉降观测

为了保证建筑物的使用安全，建筑物的沉降观测是非常必要的，其目的是提供有关建筑物的沉降量与沉降速率。尤其对重要建筑物及建造在软弱地基上的建筑物。

进行沉降观测时，水准点的设置应以保证其稳定可靠为原则。一般宜设置在基岩上或低压缩性的土层上。

观测次数和时间应根据工程的重要性等具体情况按规范确定。通常民用建筑每施工完一层（包括地下部分）应观测一次，工业建筑按不同荷载阶段分次观测，但施工期间的观测不应少于4次。建筑物竣工后的观测，第一年不应少于3~5次，第二年不少于2次，以后每年1次，直到下沉稳定为止。对于突然发生严重裂缝或异常沉降等特殊情况，则应增加观测次数。观测时还应注意气象资料。观测后应及时填写沉降观测记录，并需附有沉降观测点及水准点位置平面图，便于以后复查。基坑较深时，可观测开挖平面后的回弹。

（1）观测方法监测点布置

沉降监测采用精密水准测量的方法，测定布设于建筑物上测点的高程，通过监测测点的高程变化来监测建筑物的沉降情况，在周期性的监测过程中，一旦发现下沉量较大或不均匀沉降比较明显时，随时报告施工单位。根据建筑施工规程要求和地基不均匀沉降将引起建筑破坏的机理，一般应在建筑物围墙每个转折点连接处设一个监测点。控制点布设原则是：由于控制点是整个沉降监测的基准，所以在远离基坑比较安全的地方布设2个控制点。每次监测时均应检查控制点本身是否受到沉降的影响或人为的破坏，确保监测结果的可靠性。

（2）注意事项

1）建筑物沉降监测点与基点构成闭合水准测线。

2）沉降监测按国家一等水准测量规范要求实测。

3）监测仪器采用DS05级索佳B1自动安平精密水准仪，视线长度严格控制在30m以内，前后视距差小于0.5m，任一测站前后视距差累积小于±1.5m，视线高度（下丝读数）大于0.5m。

4）在各测点上安置水准仪三脚架时，控制其中两脚与水准路线的方向平行，第三脚轮换置于路线方向的左侧与右侧。

5）在同一测站监测时，不进行两次调焦，转动仪器的倾斜螺旋和测微鼓时，其最后旋转方向均应为旋进。

6）水准测量测点间的站数控制为偶数站。

7）测站观测限差，基辅分划读数之差不超过0.3mm，基辅分划所测高度之差不超过0.4mm，发现测站观测误差超限后立即重测，若迁站后才发现，从基点开始，重新观测。

8）水准测量的环闭合差不得超过允许值，以确保监测精度。

2.8.3　防止地基有害变形的措施

若地基变形计算值超过规范所列地基变形允许值，为避免建筑物发生事故，必须采取适当措施，以保证工程的安全。

（1）减小沉降量的措施

1）外因方面措施

地基沉降由附加应力引起，如减小基础底面的附加应力 p_0，则可相应减小地基沉降量。由公式 $p_0 = p - \gamma d$ 可知，减小 p_0 可采取以下两种措施：

① 上部结构采用轻质材料，则可减小基础底面的接触压力 p。

② 当地基中无软弱下卧层时，可加大基础埋深 d。

2）内因方面措施

地基产生沉降的内因为：地基土由三相组成，固体颗粒之间存在孔隙，在外荷作用下孔隙发生压缩导致沉降。因此，为减小地基的沉降量，在建造建筑物之前，可预先对地基进行加固处理。根据地基土的性质、厚度，结合上部结构特点和场地周围环境，可分别采用机械压密、强力夯实、换土垫层、加载预压、砂桩挤密、振冲及化学加固等人工加固地基的措施；必要时还可以采用桩基础或深基础。

（2）减小沉降差的措施

1）设计中尽量使上部荷载中心受压，均匀分布。

2）遇高低层相差悬殊或地基软硬突变等情况，可合理设置沉降缝。

3）增加上部结构对地基不均匀沉降的调整作用。如设置封闭圈与构造柱，加强上部结构的刚度；将超静定结构改为静定结构，以加大对不均匀沉降的适应性。

4）妥善安排施工顺序。例如，建筑物高、重部位沉降大，可先施工；拱桥先做成三铰拱，并预留拱度。

5）人工补救措施。当建筑物已发生严重的不均匀沉降时，可采取人工挽救措施。如某 6 层营业楼，由于北侧 5 层楼的附加应力扩散作用，使楼北侧两楼顶部相撞。为此，在该 6 层楼南侧基础下采用水枪冲地基土的方法，将楼纠正过来。

2.8.4 地基变形验算规定

在地基基础设计时，地基变形应按下列规定进行：

（1）建筑物的地基变形计算值，不应大于地基变形允许值，即 $\Delta < [\Delta]$。

（2）地基变形特征值可分为沉降量、沉降差、倾斜值、局部倾斜值。

（3）在地基变形时，应符合下列规定：

1）由于地基不均匀、荷载差异很大、体型复杂等因素引起的地基变形，对于砌体承重结构应由局部倾斜值控制；对于框架结构和单层排架结构应由相邻柱基的沉降差控制；对于多层或高层建筑和高耸结构应由倾斜值控制；必要时应控制平均沉降量。

2）在必要情况下，需要分别预估建筑物在施工期间和使用期间的地基变形值，以便预留建筑物有关部分之间的净空，选择连接方法和施工顺序。

3）一般多层建筑物在施工期间完成的沉降量，对于砂土可认为其最终沉降量已完成 80% 以上，对于其他低压缩性土可认为已完成最终沉降量的 50%～80%，对于中压缩性土可认为已完成最终沉降量的 20%～50%，对于高压缩性土可认为已完成最终沉降量的

5%～20%。

本 章 小 结

1. 土中应力的分布规律及计算模型。

2. 土的自重应力计算、各种荷载条件下的土中附加应力计算及其分布规律等。

3. 土的压缩性基本概念、侧限压缩试验、压缩曲线与土的压缩性。

4. 土的渗透性基本规律达西定律、渗透系数的测定和影响渗透性的因素。

5. 最终沉降量概念及计算方法。

6. 减小不均匀沉降的措施。

思考题与练习题

1. 地基土的变形有何特性？土的变形与其他建筑材料如钢材的变形有何差别？

2. 何谓土层的自重应力？土的自重应力沿深度有何变化？土的自重应力计算，在地下水位上、下是否相同？为什么？土的自重应力是否在任何情况下都不会引起地基的沉降？

3. 地基底面压应力的计算有何实用意义？柔性基础与刚性基础的基底压应力分布是否相同？为什么？

4. 何谓附加应力？基础底面的接触应力与基底的附加应力是否指的同一应力？

5. 工程中采用的土的压缩性指标有哪几个？这些指标各用什么方法确定？各指标之间有什么关系？

6. 何谓土的压缩系数？一种土的压缩系数是否为定值，为什么？如何判别土的压缩性高低？压缩系数的量纲是什么？

7. 何谓有效应力原理？有效应力与孔隙水压力的物理概念是什么？在固结过程中，两者是怎样变化的？压缩曲线横坐标表示哪种应力？为什么？

8. 分层总和法计算地基最终沉降量的原理是什么？分层总和法和规范法的主要区别是什么？

9. 研究地基沉降与时间的关系有何实用价值？何谓固结度 U_t？

10. 何谓沉降差？倾斜与局部倾斜有何区别？建筑物的沉降量为什么有限度？

11. 何谓地基允许变形值？哪种建筑结构设计中以沉降差作为控制标准？高炉与烟囱以哪种变形值作为控制标准？

12. 当建筑工程沉降计算值超过规范允许值时应采取什么措施？某 5 层砖混结构为条形基础，砖墙发生八字形裂缝的原因是什么？

13. 某工程地基勘察结果为：地表为杂填土，$\gamma_1 = 18.0 \text{kN/m}^3$，厚度 $h_1 = 1.50 \text{m}$；第二层土为粉土，$\gamma_2 = 19.0 \text{kN/m}^3$，厚度 $h_2 = 2.6 \text{m}$；第三层为中砂，$\gamma_3 = 19.5 \text{kN/m}^3$，厚度 $h_3 = 1.80 \text{m}$；第四层为坚硬岩石，地下水位 1.5m。计算基岩顶面处土的自重应力。若第四层为强风化岩石，该处的自重应力有无变化？

14. 某建筑场地的地质剖面如图 2-10 所示，试计算 1、2、3、4 各点自重应力，并绘制自重应力分布曲线。

15. 假定基底附加应力 p_0 相同，计算图 2-22 中 O 点下深度为 4m 处的土中附加应力。

16. 某工程采用条形基础，长度为 l，宽度为 b，在偏心荷载作用下，基础底面边缘处附加应力 $p_{max} = 150kPa$，$p_{min} = 50kPa$。计算此条形基础中心点，深度为 2.0b，地基中的附加应力。

17. 已知某矩形基础，受均布荷载作用，长 14.0m，宽 10.0m。计算深度为 10.0m，短边中心线上基础以外 6m 处 A 点的竖向附加应力为矩形基础中心 O 点的百分之多少？

第3章　土的抗剪强度

【**教学目标**】　熟悉土的抗剪强度的概念、抗剪强度机理、土的极限平衡条件表达式；掌握影响土的抗剪强度的因素以及库仑公式，掌握摩尔-库仑强度理论，掌握土的抗剪强度指标测定方法。

3.1　土的抗剪强度的工程意义

土的抗剪强度是指土体对于外荷载所产生的剪应力的极限抵抗能力。在外荷载作用下，土体中将产生剪应力和剪切变形，当土中某点由外力所产生的剪应力达到土的抗剪强度时，土就沿着剪应力作用方向产生相对滑动，该点便发生剪切破坏。工程实践和室内试验都证实了土是由于受剪而产生破坏，剪切破坏是土体强度破坏的重要特点，因此，土的强度问题实质上就是土的抗剪强度问题。

在工程实践中与土的抗剪强度有关的工程问题主要有三类：第一类是以土作为建造材料的土工构筑物的稳定性问题，如土坝、路堤等填方边坡以及天然土坡等的稳定性问题（图 3-1a）；第二类是土作为工程构筑物环境的安全性问题，即土压力问题，如挡土墙、地下结构等的周围土体，它的破坏造成墙体过大的侧向土压力，导致这些工程构筑物发生滑动、倾覆等破坏（图 3-1b）；第三类是土作为建筑物地基的承载力问题，如果基础下的地基土体产生整体滑动或因局部剪切破坏而导致过大的地基变形，将会造成上部结构的破坏或影响其正常使用功能（图 3-1c）。

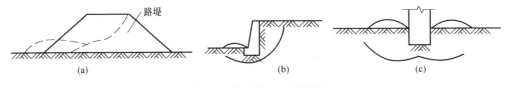

图 3-1　抗剪强度工程问题

3.2　土的强度理论与强度指标

3.2.1　抗剪强度的库仑定律

土体发生剪切破坏时，将沿着其内部某一曲面（滑动面）产生相对滑动，而该滑动面上的切应力就等于土的抗剪强度。1776 年，法国学者库仑（C. A. Coulomb）根据砂土的试验结果（图 3-2），将土的抗剪强度表达为滑动面上法向应力的函数，即

$$\tau_f = \sigma \cdot \tan\varphi \tag{3-1}$$

以后库仑又根据黏性土的试验结果（图3-2），提出更为普遍的抗剪强度表达形式：

$$\tau_f = c + \sigma \cdot \tan\varphi \tag{3-2}$$

式中　τ_f——土的抗剪强度，kPa；

　　　σ——剪切滑动面上的法向应力，kPa；

　　　c——土的黏聚力，kPa；

　　　φ——土的内摩擦角，°。

上述土的抗剪强度数学表达式，也称为库仑定律，它表明在一般应力水平下，土的抗剪强度与滑动面上的法向应力之间呈直线关系，其中 c，φ 称为土的抗剪强度指标。这个关系式广泛应用于理论研究和工程实践，满足一般工程的精度要求，是目前研究土的抗剪强度的基本定律。

上述土的抗剪强度表达式中采用的法向应力为总应力 σ，称为总应力表达式。根据有效应力原理，土中某点的总应力 σ 等于有效应力 σ' 和孔隙水压力 u 之和，即 $\sigma = \sigma' + u$。

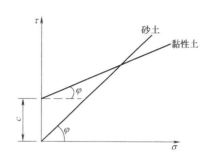

图3-2　土的强度线

$$\tau_f = c' + \sigma' \cdot \tan\varphi' \tag{3-3}$$

或
$$\tau_f = c' + (\sigma - u) \cdot \tan\varphi' \tag{3-4}$$

式中，c'、φ' 分别为有效黏聚力和有效内摩擦角，统称为有效应力抗剪强度指标。

3.2.2　土的抗剪强度的构成

由土的抗剪强度表达式可以看出，砂土的抗剪强度是由内摩阻力构成，而黏性土的抗剪强度则由内摩阻力和黏聚力两个部分构成。

内摩阻力包括土粒之间的表面摩擦力和由于土粒之间的连锁作用而产生的咬合力。咬合力是指当土体相对滑动时，将嵌在其他颗粒之间的土粒拔出所需的力，土越密实，连锁作用越强。

黏聚力包括原始黏聚力、固化黏聚力和毛细黏聚力。

原始黏聚力主要是由于土粒间水膜受到相邻土粒之间的电分子引力而形成的，当土被压密时，土粒间的距离减小，原始黏聚力随之增大，当土的天然结构被破坏时，原始黏聚力将丧失一些，但会随着时间而恢复其中的一部分或全部。

固化黏聚力是由于土中化合物的胶结作用而形成的，当土的天然结构被破坏时，则固化黏聚力随之丧失，而且不能恢复。

毛细黏聚力是由于毛细压力所引起的，一般可忽略不计。

砂土的内摩擦角 φ 变化范围不是很大，中砂、粗砂、砾砂的 $\varphi = 32° \sim 40°$；粉砂、细砂的 $\varphi = 28° \sim 36°$。孔隙比愈小，φ 愈大，但含水饱和的粉砂、细砂很容易失去稳定，因此对其内摩擦角的取值宜慎重，有时规定取 $\varphi = 20°$。砂土有时也有很小的黏聚力（约10kPa），这可能是由于砂土中夹有一些黏土颗粒，也可能是由于毛细黏聚力的缘故。

黏性土的抗剪强度指标的变化范围很大，它与土的种类有关，并且与土的天然结构是否破坏、试样在法向压力下的排水固结程度及试验方法等因素有关。内摩擦角φ的变化范围大致为$0°\sim30°$；黏聚力则可从小于$10\mathrm{kPa}$变化到$200\mathrm{kPa}$以上。

3.2.3 土的强度理论——极限平衡条件

1. 土中一点的应力状态

设某一土体单元上作用的大、小主应力分别为σ_1和σ_3，根据材料力学理论，此土体单元内与大主应力σ_1作用平面成α角的平面上的正应力σ和切应力τ可分别表示如下：

$$\sigma=\frac{1}{2}(\sigma_1+\sigma_3)+\frac{1}{2}(\sigma_1-\sigma_3)\cos2\alpha \tag{3-5a}$$

$$\tau=\frac{1}{2}(\sigma_1-\sigma_3)\sin2\alpha \tag{3-5b}$$

上述关系也可用$\tau\sigma$坐标系中直径为$\sigma_1-\sigma_3$，圆心坐标为$[(\sigma_1+\sigma_3)/2,0]$的摩尔应力图上一点的坐标大小来表示，如图3-3中的A点。

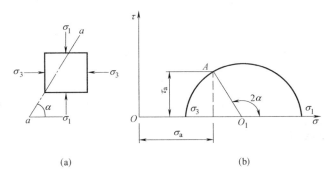

(a)   (b)

图3-3　土中应力状态

(a) 单元体应力；(b) 摩尔应力圆

2. 土中应力与土的平衡状态

将抗剪强度包络线与摩尔应力图画在同一张坐标图上，观察应力圆与抗剪强度包络线之间的位置变化，如图3-4所示。随着土中应力状态的改变，应力圆与强度包络线之间的位置关系将发生三种变化，土中也将出现相应的三种平衡状态。

图3-4　土中应力与土的平衡状态

当整个摩尔应力圆位于抗剪强度包络线的下方时，表明通过该点的任意平面上的切应力都小于土的抗剪强度，此时该点处于稳定平衡状态，不会发生剪切破坏。

当摩尔应力圆与抗剪强度包络线相切时（切点如图3-4中的A点），表明在相切点所代表的平面上，切应力正好等于土的抗剪强度，此时该点处于极限平衡状态，相应的应力圆称为极限应力圆。

当摩尔应力圆与抗剪强度包络线相割时，表明该点某些平面上的切应力已超过了土的抗剪强度，此时该点已发生剪切破坏（由于此时地基应力将发生重分布，事实上该应力圆所代表的应力状态并不存在）。

3. 摩尔-库仑强度理论

在一定的压力范围内，土的抗剪强度可用库仑公式表示，当土体中某点的任一平面上的剪应力达到土的抗剪强度时，就认为该点已发生剪切破坏，该点即处于极限平衡状态。土的这种强度理论称为摩尔-库仑强度理论。

1910 年摩尔提出了材料破坏的第三强度理论即最大剪应力理论，并指出在破坏面上的切应力 τ_f 为该面上法向应力 σ 的函数，即这个函数在 τ_f-σ 坐标中是一条曲线，称为摩尔包络线。当摩尔包络线采用库仑定律表示的直线关系时，即形成了土的摩尔-库仑强度理论。

4. 土的极限平衡条件

根据极限应力圆与抗剪强度包络线之间的几何关系，可建立以土中主应力表示的土的极限平衡条件。

$$\sin\varphi = \frac{\sigma_1 - \sigma_3}{2c \cdot \cot\varphi + \sigma_1 + \sigma_3} \tag{3-6}$$

化简并利用三角函数间的变换关系得到土的极限平衡条件为：

$$\sigma_{1f} = \sigma_3 \tan^2\left(45° + \frac{\varphi}{2}\right) + 2c \cdot \tan\left(45° + \frac{\varphi}{2}\right) \tag{3-7}$$

$$\sigma_{3f} = \sigma_1 \tan^2\left(45° - \frac{\varphi}{2}\right) - 2c \cdot \tan\left(45° - \frac{\varphi}{2}\right) \tag{3-8}$$

土的极限平衡条件同时表明，土体剪切破坏时的破裂面不是发生在最大切应力 τ_{max} 的作用面 $\alpha = 45°$ 上，而是发生在与大主应力的作用面成 $\alpha = 45° + \varphi/2$ 的平面上。

5. 土的极限平衡条件的应用

土的极限平衡条件常用来评判土中某点的平衡状态，具体方法是根据实际小主应力 σ_3 及土的极限平衡条件式（3-7），求出土体处于极限平衡状态时所能承受的最大主应力 σ_{1f}，或根据实际小主应力 σ_3 及土的极限平衡条件式（3-8）求出土体处于极限平衡状态时所能承受的最小主应力 σ_{3f}，再通过比较计算值与实际值判断该点的平衡状态：

（1）当 $\sigma_1 < \sigma_{1f}$ 或 $\sigma_3 > \sigma_{3f}$ 时，土体中该点处于稳定平衡状态；

（2）当 $\sigma_1 = \sigma_{1f}$ 或 $\sigma_3 = \sigma_{3f}$ 时，土体中该点处于极限平衡状态；

（3）当 $\sigma_1 > \sigma_{1f}$ 或 $\sigma_3 < \sigma_{3f}$ 时，土体中该点处于破坏状态。

【例 3-1】 土样内摩擦角 $\varphi = 23°$，黏聚力 $c = 18\text{kPa}$，土中大主应力和小主应力分别为 $\sigma_1 = 300\text{kPa}$，$\sigma_3 = 120\text{kPa}$，试判断该土样是否达到极限平衡状态。

【解】 应用土的极限平衡条件，可得土体处于极限平衡状态而大主应力 $\sigma_1 = 300\text{kPa}$ 时所对应的小主应力计算值 σ_{3f} 为：

$$\sigma_{3f} = \sigma_1 \tan^2\left(45° - \frac{\varphi}{2}\right) - 2c \cdot \tan\left(45° - \frac{\varphi}{2}\right)$$

$$= 300 \times \tan^2\left(45° - \frac{23°}{2}\right) - 2 \times 18\tan\left(45° - \frac{23°}{2}\right) = 107.6\text{kPa}$$

计算结果表明 $\sigma_3 > \sigma_{3f}$，可判定该土样处于稳定平衡状态。上述计算也可以根据实际

小主应力 σ_3 计算 σ_{1f} 的方法进行。采用应力圆与抗剪强度包络线相互位置关系来判断的图解法也可以得到相同的结果。

3.3 土的抗剪强度试验及其应用

测定土的抗剪强度指标的试验方法主要有室内剪切试验和现场剪切试验两大类，室内剪切试验常用的方法有直接剪切试验、三轴压缩试验和无侧限抗压强度试验等，现场剪切试验常用的方法主要有十字板剪切试验。

3.3.1 直接剪切试验

1. 直剪试验原理

直接剪切试验是测定土的抗剪强度最简单的方法，它所测定的是土样预定剪切面上的抗剪强度。直剪试验所使用的仪器称为直剪仪，按加荷方式的不同，直剪仪可分为应变控制式和应力控制式两种。前者是以等速水平推动试样产生位移并测定相应的剪应力；后者则是对试样分级施加水平剪应力，同时测定相应的位移。我国目前普遍采用的是应变控制式直剪仪，该仪器的主要部件由固定的上盒和活动的下盒组成，试样放在盒内上下两块透水石之间，如图 3-5 所示。试验时，由杠杆系统通过加压活塞和透水石对试样施加某一法向应力 σ，然后等速推动下盒，使试样在沿上下盒之间的水平面上受剪直至破坏，剪应力 τ 的大小可借助与上盒接触的量力环测定。

试验中通常对同一种土取 3~4 个试样，分别在不同的法向应力下进行了剪切破坏，可将试验结果绘制成抗剪强度 τ_f 与法向应力 σ 之间的关系。试验结果表明，对于砂性土，抗剪强度与法向应力之间的关系是一条通过原点的直线，直线方程可用式（3-1）表示；对于黏性土，抗剪强度与法向应力之间也基本呈直线关系，该直线与横轴的夹角为内摩擦角 φ，在纵轴上的截距为黏聚力 c，直线方程可用式（3-2）表示。

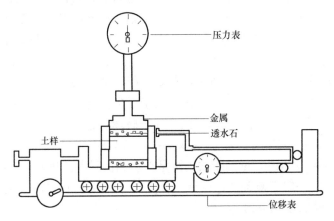

图 3-5 应变控制式直剪仪

2. 试验目的

测定土的抗剪强度，得到计算地基强度和稳定使用的土的强度指标内摩擦角 φ 和黏聚力 c。

3. 仪器设备

目前广泛使用应变控制匣式直接剪切仪。试样盒分上、下两部分，上盒固定，下盒放在钢珠上，可以在水平方向滑动。也有上下盒都不固定的应变控制直剪仪，这可以避免由于钢珠的滚动摩擦所产生的影响。试验设备的其余部分包括：百分表（用以量测竖直变形）、加荷框架（采用杠杆传动的加荷方法，杠杆比为 1：10）、推动座、剪切容器、测力计（也称应力环）、环刀（内径 6.18cm、高 20cm）、切土工具、滤纸、毛玻璃板及润滑油等。

4. 直剪试验强度取值

试验结果表明，不同性质的土样在剪切试验时的剪应力 τ 与剪切位移 δ 关系曲线形态是有较大差异的。土样的抗剪强度应根据其 τ-$\Delta\lambda$ 曲线形态分别确定：对密实砂土、坚硬黏土等，其 τ-$\Delta\lambda$ 曲线将出现峰值，可取峰值切应力作为该级法向应力 σ 下的抗剪强度 τ_f；对松砂、软土等，τ-$\Delta\lambda$ 曲线一般无峰值出现，可取剪切位移 $\Delta\lambda=4mm$ 时所对应的切应力作为该级法向应力 σ 下的抗剪强度 τ_f。

5. 直剪试验方法分类

大量的试验和工程实践都表明，土的抗剪强度与土受力后的排水固结状况有关，故测定强度指标的试验方法应与现场的施工加荷条件一致。直剪试验由于受仪器构造的局限无法做到任意控制试样的排水条件，为了在直剪试验中能尽量考虑实际工程中存在的不同固结排水条件，通常采用不同加荷速率的试验方法来近似模拟土体在受剪时的不同排水条件，由此产生了三种不同的直剪试验方法，即快剪、固结快剪和慢剪。

（1）快剪。快剪试验是在对试样施加竖向压力后，立即以 0.8mm/min 的剪切速率快速施加水平剪应力使试样剪切破坏。一般从加荷到土样剪坏只需 3～5min。由于剪切速率较快，可认为对于渗透系数小于 10^{-6}cm/s 的黏性土在剪切过程中试样没有排水固结，近似模拟了"不排水剪切"过程，得到的抗剪强度指标用 c_q、φ_q 表示。

（2）固结快剪。固结快剪是在对试样施加竖向压力后，让试样充分排水固结，待沉降稳定后，再以 0.8mm/min 的剪切速率快速施加水平剪应力使试样剪切破坏。固结快剪试验近似模拟了"固结不排水剪切"过程，它只适用于渗透系数小于 10^{-6}cm/s 的黏性土，得到的抗剪强度指标用 c_{cq}、φ_{cq} 表示。

（3）慢剪。慢剪试验是在对试样施加竖向压力后，让试样充分排水固结，待沉降稳定后，以小于 0.02mm/min 的剪切速率施加水平剪应力直至试样剪切破坏，使试样在受剪过程中一直充分排水和产生体积变形，模拟了"固结排水剪切"过程，得到的抗剪强度指标用 c_s、φ_s 表示。

直剪试验具有设备简单、土样制备及试验操作方便等优点，因而在国内一般工程中广泛使用。但其也存在不少缺点，主要有：

（1）剪切面限定在上下盒之间的平面，而不是沿土样最薄弱的面剪切破坏；

（2）剪切面上剪应力分布不均匀，且竖向荷载会发生偏转（上下盒的中轴线不重合），主应力的大小及方向都是变化的；

（3）在剪切过程中，土样剪切面逐渐缩小，而在计算抗剪强度时仍按土样的原截面面积计算；

（4）试验时不能严格控制排水条件，并且不能量测孔隙水压力；

（5）试验时上下盒之间的缝隙中易嵌入砂粒，使试验结果偏大。

3.3.2 三轴压缩试验

1. 三轴压缩试验仪器

三轴压缩试验所使用的仪器是三轴压缩仪（也称三轴剪切仪），主要由三部分组成：主机、稳压调压系统以及量测系统。

主机部分包括压力室、轴向加荷系统等。压力室是三轴仪的主要组成部分，它是一个由金属上盖、底座以及透明有机玻璃圆筒组成的密闭容器，压力室底座通常由3个小孔分别与稳压系统以及体积变形和孔隙水压力量测系统相连。

稳压调压系统由压力泵、调压阀和压力表等组成。试验时通过压力室对试样施加周围压力，并在试验过程中根据不同的试验要求对压力予以控制或调节，如保持恒压或变化压力等。

量测系统由排水管、体变管和孔隙水压力量测装置等组成。试验时分别测出试样受力后土中排出的水量变化以及土中孔隙水压力的变化。对于试样的竖向变形，则利用置于压力室上方的测微表或位移传感器测读。

2. 三轴压缩试验的基本原理

常规三轴压缩试验一般按如下步骤进行：

（1）将土样切制成圆柱体套在橡胶膜内，放在密闭的压力室中，根据试验排水要求启闭有关的阀门开关。

（2）向压力室内注入气压或液压，使试样承受周围压力 σ_3 作用，并使该周围压力在整个试验过程中保持不变。

（3）通过活塞杆对试样加竖向压力，随着竖向压力逐渐增大，试样最终将因受剪而破坏。

设剪切破坏时轴向加荷系统加在试样上的竖向压应力（称为偏应力）为 $\Delta\sigma_1$，则试样上的大主应力为 $\sigma_1 = \sigma_3 + \Delta\sigma_1$，而小主应力为 σ_3，据此可作出一个极限应力圆。用同一种土样的若干个试件（一般3~4个）分别在不同的周围压力 σ_3 下进行试验，可得一组极限应力圆，如图3-6（c）中的圆Ⅰ、圆Ⅱ和圆Ⅲ。作出这些极限应力圆的公切线，即得到该土样的抗剪强度包络线，由此便可求得土样的抗剪强度指标 c、φ 值。

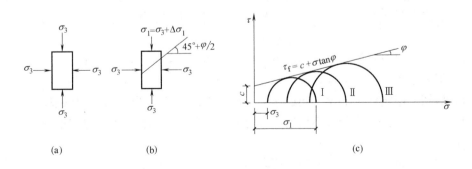

图 3-6 三轴试验基本原理

（a）试样围压；（b）破坏时试样主应力；（c）应力圆与强度包络线

3. 三轴压缩试验方法

通过控制土样在周围压力作用下固结条件和剪切时的排水条件，可形成如下三种三轴压缩试验方法：

（1）不固结不排水剪（UU 试验）

试样在施加周围压力和随后施加偏应力直至剪坏的整个试验过程中都不允许排水，即从开始加压直至试样剪坏，土中的含水量始终保持不变，孔隙水压力也不会消散。UU 试验得到的抗剪强度指标用 c_u、φ_u 表示，这种试验方法所对应的实际工程条件相当于饱和软黏土中快速加荷时的应力状况。

（2）固结不排水剪（CU 试验）

在施加周围压力 σ_3 时，将排水阀门打开，允许试样充分排水，待固结稳定后关闭排水阀门，然后再施加偏应力，使试样在不排水的条件下发生剪切破坏。在剪切过程中，试样没有任何体积变形。若要在受剪过程中量测孔隙水压力，则要打开试样与孔隙水压力量测系统间的管路阀门。CU 试验得到的抗剪强度指标用 c_{cu}、φ_{cu} 表示，其适用的实际工程条件为一般正常固结土层在工程竣工或在使用阶段受到大量、快速的活荷载或新增荷载的作用下所对应的受力情况，在实际工程中经常采用这种试验方法。

（3）固结排水剪（CD 试验）

在施加周围压力及随后施加偏应力直至剪坏的整个试验过程中都将排水阀门打开，并给予充分的时间让试样中的孔隙水压力能够完全消散。CD 试验得到的抗剪强度指标用 c_d、φ_d 表示。

4. 三轴压缩试验的优缺点

三轴压缩试验的突出优点是能够控制排水条件并可以量测土样中孔隙水压力变化。此外，三轴压缩试验中试样的应力状态也比较明确，剪切破坏时的破裂面在试样的最弱处，而不像直剪试验那样限定在上下盒之间。一般来说，三轴压缩试验的结果还是比较可靠的，因此，三轴压缩仪是土工试验不可缺少的仪器设备。三轴压缩试验的主要缺点是试验操作比较复杂，对试验人员的操作技术要求比较高。另外，常规三轴压缩试验中的试样所受的力是轴对称的，与工程实际中土体的受力情况不太相符，要满足土样在三向应力条件下进行剪切试验，就必须采用更为复杂的真三轴仪进行试验。

从不同试验方法的试验结果可以看到，同一种土施加的总应力 σ 虽然相同而试验方法或者控制的排水条件不同时，则所得的强度指标就不相同，故土的抗剪强度与总应力之间没有唯一的对应关系。因此，若采用总应力方法表达土的抗剪强度时，其强度指标应与相应的试验方法（主要是排水条件）相对应。理论上说，土的抗剪强度与有效应力之间具有很好的对应关系，若在试验时量测土样的孔隙水压力，据此算出土中的有效应力，则可以采用与试验方法无关的有效应力指标来表达土的抗剪强度。

3.3.3 无侧限抗压强度试验

1. 试验原理

无侧限抗压强度试验是三轴压缩试验中周围压力 $\sigma_3 = 0$ 的一种特殊情况，所以又称单轴试验。无侧限抗压强度试验一般采用无侧限压力仪（图 3-7），但现在也常利用三轴仪做试验。试验时，在不加任何侧向压力的情况下，对圆柱体试样施加轴向压力，直至试样剪切破坏为止。试样破坏时的轴向压力以 q_u 表示，称为无侧限抗压强度。

由于不能施加周围压力，根据试验结果，只能作一个极限应力圆，难以得到破坏包络线，如图 3-8 所示。饱和黏性土的三轴不固结不排水试验结果表明，其破坏包络线为一水平线，即 $\varphi_u = 0$。因此，对于饱和黏性土的不排水抗剪强度，就可利用无侧限抗压强度 q_u 得到，即

$$\tau_f = c_u = \frac{q_u}{2} \tag{3-9}$$

式中，τ_f 为土的不排水抗剪强度，kPa；c_u 为土的不排水黏聚力，kPa；q_u 为无侧限抗压强度，kPa。

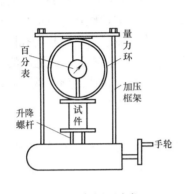

图 3-7　无侧限压力仪

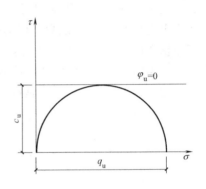

图 3-8　土的抗压强度试验结果

2. 抗压强度试验指标的其他工程应用

无侧限抗压强度试验除了可以测定饱和黏性土的抗剪强度指标外，还可以测定饱和黏性土的灵敏度 S_t。土的灵敏度是以原状土的强度与同一土经重塑后（完全扰动但含水量不变）的强度之比来表示的，即

$$S_t = \frac{q_u}{q_0} \tag{3-10}$$

式中，q_u 为原状土的无侧限抗压强度，kPa；q_0 为重塑土的无侧限抗压强度，kPa。

根据灵敏度的大小，可将饱和黏性土分为三类：

$$1 < S_t \leqslant 2 \qquad 低灵敏土$$
$$2 < S_t \leqslant 4 \qquad 中灵敏土$$
$$S_t > 4 \qquad 高灵敏土$$

无侧限抗压强度试验适用于测定饱和软黏土的抗剪强度指标。土的灵敏度愈高，其结构性愈强，受扰动后土的强度降低就愈多。黏性土受扰动而强度降低的性质，一般说来对工程建设是不利的，如在基坑开挖过程中，因施工可能造成土的扰动而会使地基强度降低。

3.3.4　十字板剪切试验

1. 十字板剪切试验适用条件

十字板剪切试验是一种土的抗剪强度的原位测试方法，这种试验方法适合于在现场测

定饱和黏性土的原位不排水抗剪强度，特别适用于均匀饱和软黏土。

2. 十字板剪切试验的基本操作

十字板剪切试验采用的试验设备主要是十字板剪力仪。十字板剪力仪通常由十字板头、扭力装置和量测装置三部分组成。试验时，先把套管打到要求测试深度以下 75cm，将套管内的土清除，再通过套管将安装在钻杆下的十字板压入土中至测试的深度。加荷方法是由地面上的扭力装置对钻杆施加扭矩，使埋在土中的十字板扭转，直至土体剪切破坏（破坏面为十字板旋转所形成的圆柱面）。

3. 十字板抗剪强度计算

设土体剪切破坏时所施加的扭矩为 M，则它应该与剪切破坏圆柱面（包括侧面和上、下面）上土的抗剪强度所产生的抵抗力矩相等，即

$$M = \pi DH \frac{D}{2} \tau_f + 2 \times \frac{\pi D^2}{4} \cdot \frac{D}{3} \tau_H$$

$$= \frac{1}{2} \pi D^2 H \tau_V + \frac{\pi D^2}{6} \tau_H \tag{3-11}$$

式中，M 为剪切破坏时的扭矩，$kN \cdot m$；τ_V、τ_H 分别为剪切破坏时圆柱体侧面和上下面土的抗剪强度，kPa；H 为十字板的高度，m；D 为十字板的直径，m。

天然状态的土体是各向异性的，为了简化计算，假定土体为各向同性体，即 $\tau_V = \tau_H$，并记作 τ_+，则式（3-11）可写成：

$$\tau_+ = \frac{2M}{\pi D^2 \left(H + \frac{D}{3} \right)} \tag{3-12}$$

式中，τ_+ 为十字板测定的土的抗剪强度，kPa。

室内试验都要求事先取得原状土样，由于试样在采取、运送、保存和制备等过程中不可避免地会受到扰动，土的含水量也难以保持天然状态，特别是对于高灵敏度的黏性土扰动更大，故试验结果对土的实际情况的反映将会受到不同程度的影响。由于十字板剪切试验是直接在原位进行试验，不必取土样，故土体所受的扰动较小，被认为是比较能反映土体原位强度的测试方法，但如果在软土层中夹有薄层粉砂，则十字板剪切试验结果就可能会偏大。

3.3.5 抗剪强度试验方法与指标

在实际工程中，地基条件与加荷情况不一定非常明确，如加荷速度的快慢、土层的厚薄、荷载大小以及加荷过程等都没有定量的界限值，而常规的直剪试验与三轴压缩试验是在理想化的室内试验条件下进行，与实际工程之间存在一定的差异。因此，在选用强度指标前需要认真分析实际工程的地基条件与加荷条件，并结合类似工程的经验加以判断，选用合适的试验方法与强度指标。

1. 试验方法

相对于三轴压缩试验而言，直剪试验的设备简单，操作方便，故目前在实际工程中普遍使用。然而，直剪试验中只是用剪切速率的"快"与"慢"来模拟试验中的"不排水"和"排水"，对试验排水条件的控制是很不严格的，因此在有条件的情况下应尽量采用三轴压缩试验方法。另外，《土工试验方法标准》GB/T 50123—1999（2007 版）规定直剪试验的固结快剪和快剪试验只适用于渗透系数小于 10^{-6} cm/s 的黏土，对于其他的土类，

则不宜采用直剪试验方法。

2. 有效应力强度指标

用有效应力法及相应指标进行计算，概念明确，指标稳定，这是一种比较合理的分析方法，只要能比较准确地确定孔隙水压力，则推荐采用有效应力强度指标。当土中的孔隙水压力能通过试验、计算或其他方法加以确定时，宜采用有效应力法。有效应力强度指标可用三轴排水剪或三轴固结不排水剪（测孔隙水压力）测定。

3. 不固结不排水剪指标

土样进行不固结不排水剪切时，所施加的外力将全部由孔隙水压力承担，土样完全保持初始的有效应力状况，所测得的强度即为土的天然强度。在对可能发生快速加荷的正常固结黏性土上的路堤进行短期稳定分析时，可采用不固结不排水的强度指标；对于土层较厚、渗透性较小、施工速度较快工程的施工期或竣工时的分析也可采用不固结不排水剪的强度指标。

4. 固结不排水剪指标

土样进行固结不排水剪试验时，周围固结压力 σ_3 将全部转化为有效应力，而施加的偏应力将产生孔隙水压力。在对土层较薄、渗透性较大、施工速度较慢的工程进行分析时，可采用固结不排水剪的强度指标。

本 章 小 结

1. 本章主要介绍了土的抗剪强度公式、土的极限平衡条件、摩尔应力圆理论、土的抗剪强度指标的试验方法。

2. 土的抗剪强度理论是研究与计算地基承载力和分析地基承载稳定性的基础。

3. 土的抗剪强度可以采用库仑公式表达，基于摩尔-库仑强度理论导出的土的极限平衡条件是判定土中一点平衡状态的基准。

4. 土的抗剪强度指标 c、φ 值一般通过试验确定，试验条件尤其是排水条件对强度指标产生很大的影响，故在选择抗剪强度指标时应尽可能符合工程实际的受力条件和排水条件。

思考题与练习题

1. 解释土的内摩擦角和黏聚力的含义。

2. 根据库仑定律和摩尔应力圆原理说明：当 σ_1 不变，而 σ_3 变小时土可能破坏；反之，当 σ_3 不变，而 σ_1 变大时土也可能破坏。

3. 为什么直剪试验要分快剪、固结快剪及慢剪？这三种试验结果有何差别？

4. 试根据有效应力原理在强度问题中应用的基本概念，分析三轴压缩试验的三种不同试验方法中土样孔隙压力和含水量变化的情况。

第4章 土压力计算

【教学目标】 了解朗肯、库仑土压力理论的区别，土压力定义及分类；熟悉土压力的概念；掌握库仑土压力的计算，朗肯主动、被动土压力的计算，重力式挡土墙设计计算方法。

4.1 工程背景

工程建设中有许多构筑物如桥台、挡土墙、隧道和基坑的围护结构等挡土结构起着支撑土体，保持土体稳定的作用，而另一些构筑物如桥台等则受到土体的支撑，土体起着提供反力的作用，如图4-1所示。在这些构筑物与土体的接触面处均存在侧向压力的作用，这种侧向压力就是土压力。

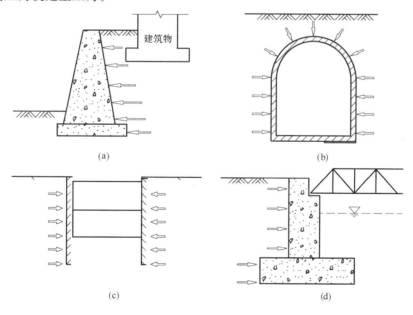

图 4-1 工程中的挡土墙

（a）边坡挡土墙；（b）隧道；（c）基坑围护结构；（d）桥台

4.2 土压力的分类与相互关系

4.2.1 土压力的分类

作用在挡土结构上的土压力，按挡土结构的位移方向、大小及土体所处的三种极限平

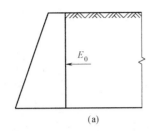 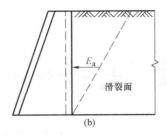 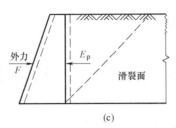

(a)　　　　　　　　　(b)　　　　　　　　　(c)

图 4-2　土压力分类

(a) 静止土压力；(b) 主动土压力；(c) 被动土压力

衡状态，可分为三种：静止土压力、主动土压力和被动土压力。

1. 静止土压力

如果挡土结构在土压力的作用下，其本身不发生变形和任何位移（移动或转动），土体处于弹性平衡状态，则这时作用在挡土结构上的土压力称为静止土压力，如图 4-2 (a) 所示。

2. 主动土压力

挡土结构在土压力作用下向离开土体的方向位移，随着这种位移的增大，作用在挡土结构上的土压力将从静止土压力逐渐减小。当土体达到主动极限平衡状态时，作用在挡土结构上的土压力称为主动土压力，如图 4-2 (b) 所示。

3. 被动土压力

挡土结构在荷载作用下向土体方向位移，使土体达到被动极限平衡状态时的土压力称为被动土压力，如图 4-2 (c) 所示。

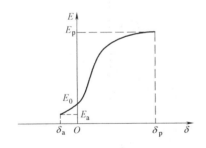

图 4-3　土压力与挡土结构位移的关系

4.2.2　三种土压力的相互关系

在实际工程中，大部分情况下的土压力值均介于上述三种极限状态下的土压力值之间。土压力的大小及分布与作用在挡土结构上的土体性质、挡土结构本身的材料及挡土结构的位移有关，其中挡土结构的位移情况是影响土压力性质的关键因素。图 4-3 表示了土压力与挡土结构位移之间的关系，由此可见产生被动土压力所需要的位移量大大超过产生主动土压力所需要的位移量。

4.3　静止土压力计算

4.3.1　墙背竖直时的静止土压力计算

1. 土压力计算

静止土压力可根据半无限弹性体的应力状态进行计算。在土体表面下任意深度 z 处取一微小单元体，其上作用着竖向自重应力和侧压力（图 4-4），这个侧压力的反作用力就是静止土压力。根据半无限弹性体在无侧移的条件下侧压力与竖向应力之间的关系，该处的静止土压力强度 p_0 可按下式计算：

$$p_0 = K_0 \gamma z \tag{4-1}$$

式中，K_0 为静止土压力系数，其值可用室内或原位试验确定；γ 为土体重度，kN/m^3。

2. 土压力分布

由式（4-1）可知，静止土压力沿挡土结构竖向为三角形分布，如图 4-4 所示。如果取单位挡土结构长度，则作用在挡土结构上的静止土压力 E_0 为：

$$E_0 = \frac{1}{2} \gamma h^2 K_0 \tag{4-2}$$

式中，h 为挡土结构高度。E_0 的作用点在距墙底 $h/3$ 处。

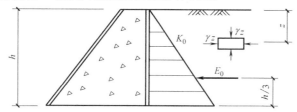

图 4-4　墙背竖直时的静止土压力

4.3.2　墙背倾斜时的静止土压力计算

对于挡土墙背倾斜的情况（图 4-5），作用在单位长度上的静止土压力可根据土楔体 ABB' 的静力平衡条件导出：

$$E_0 = \frac{1}{2} \gamma h^2 \sqrt{K_0^2 + \tan^2 \varepsilon} \tag{4-3}$$

式中，ε 为墙背倾角，而 E_0 与水平方向的夹角 α 可由下式求得：

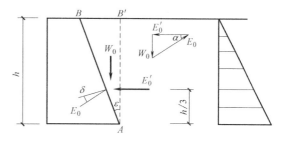

图 4-5　墙背倾斜时的静止土压力

$$\tan\alpha = \frac{\tan\varepsilon}{K_0} \tag{4-4}$$

E_0 的作用点在距墙底 $h/3$ 处。

4.3.3　工程应用

静止土压力计算主要应用于地下室外墙、基岩上挡土墙和拱座等不容许产生位移和不可能产生位移及转动的挡土墙。

4.4　朗肯土压力理论

4.4.1　基本假设与适用条件

朗肯土压力理论是朗肯（W. J. M. Rankine）于 1857 年提出的。它假定挡土墙背垂直、光滑，其后土体表面水平并无限延伸，这时土体内的任意水平面和墙的背面均为主平面（在这两个平面上的剪应力为零），作用在该平面上的法向应力即为主应力。朗肯根据墙后土体处于极限平衡状态，应用极限平衡条件，推导出了主动土压力和被动土压力计算公式。

4.4.2 朗肯主动土压力计算

1. 主动土压力计算方法

考察挡土墙后土体表面下深度 z 处的微小单元体的应力状态变化过程。当挡土墙在土压力的作用下向远离土体的方向位移时，作用在微分土体上的竖向应力 σ_z 保持不变，而水平向应力 σ_x 逐渐减小，直至达到土体处于极限平衡状态。土体处于极限平衡状态时的最大主应力为 $\sigma_1 = \gamma z$，而最小主应力 σ_3 即为主动土压力强度 p_a。根据土的极限平衡理论，可推导出主动土压力强度 p_a 的计算公式如下：

无黏性土 $\qquad p_a = \gamma z \tan^2\left(45° - \dfrac{\varphi}{2}\right)$ 或 $p_a = \gamma z K_a$ $\qquad$ (4-5)

黏性土 $\qquad p_a = \gamma z \tan^2\left(45° - \dfrac{\varphi}{2}\right) - 2c \cdot \tan\left(45° - \dfrac{\varphi}{2}\right)$

或 $\qquad\qquad p_a = \gamma z K_a - 2c\sqrt{K_a}$ $\qquad$ (4-6)

式中 K_a——主动土压力系数，$K_a = \tan^2\left(45° - \dfrac{\varphi}{2}\right)$；

$\qquad p_a$——主动土压力强度，kPa；

$\qquad \gamma$——土体重度，kN/m³；

$\qquad c$——土体黏聚力，kPa；

$\qquad \varphi$——土体内摩擦角，°；

$\qquad z$——计算点离土体表面深度，m。

2. 主动土压力分布规律

由朗肯主动土压力计算公式可知，无黏性土中主动土压力强度 p_a 与深度 z 成正比，沿墙高的土压力强度呈三角形分布（图 4-6）。作用在单位长度挡墙上的土压力为三角形分布，即

$$E_a = \frac{1}{2}\gamma h^2 K_a \qquad (4-7)$$

土压力作用点在距墙底 $h/3$ 高度处。

黏性土中的土压力强度由两部分组成：一部分是由土体自重引起的土压力 $\gamma z K_a$，另一部分是黏性力引起的负侧压力 $2c\sqrt{K_a}$，两部分的叠加结果如图 4-7 所示，其中 ade 部分是负侧压力，对墙背是拉应力，但实际上土与墙背在很小的拉应力作用下即会分离，故在计算土压力时，这部分的压力应设为零，因此黏性土的土压力分布仅是 ade 部分。令式(4-6) 为零，即可求得临界深度 z_0：

$$p_a\big|_{z=z_0} = \gamma z_0 K_a - 2c\sqrt{K_a} = 0 \Rightarrow z_0 = \frac{2c}{\gamma\sqrt{K_a}} \qquad (4-8)$$

单位长度挡墙上的主动土压力可由土压力实际分布面积计算（图 4-7 中 abc 部分的面积）。主动土压力 E_a 的作用点通过三角形的形心，即作用在离墙底 $\dfrac{h-z_0}{3}$ 高度处。

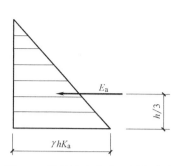

图 4-6　无黏性土主动土压力分布

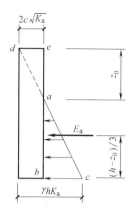

图 4-7　黏性土主动土压力分布

4.4.3　朗肯被动土压力

考察挡土墙后土体表面下深度 z 处的微小单元体的应力状态变化过程。当挡土墙在土压力的作用下向土体方向位移时，作用在微分土体上的竖向应力 σ_z 保持不变，而水平向应力 σ_x 逐渐增大，由小主应力变为大主应力，直至达到土体的极限平衡状态。土体处于极限平衡状态时的最小主应力 $\sigma_3 = \gamma z$，而最大主应力 σ_1 即为被动土压力强度 p_p。与主动土压力推导过程相似，可推导出被动土压力强度 p_p 的计算公式如下：

无黏性土

$$p_p = \gamma z K_p \tag{4-9}$$

黏性土

$$p_p = \gamma z K_p + 2c\sqrt{K_p} \tag{4-10}$$

式中，K_p 为被动土压力系数，$K_p = \tan^2\left(45° + \dfrac{\varphi}{2}\right)$。

由式（4-9）和式（4-10）可知，无黏性土的被动土压力强度呈三角形分布，如图 4-8 所示；黏性土的被动土压力强度呈梯形分布，如图 4-9 所示。作用在单位长度挡土墙上的土压力 E_p 同样可由土压力实际分布面积计算，E_p 的作用线通过土压力强度分布图的形心。

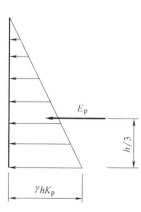

图 4-8　无黏性土被动土压力分布

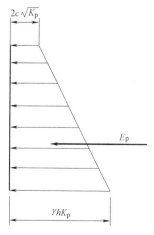

图 4-9　黏性土被动土压力分布

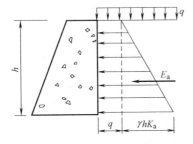

图 4-10 墙后土体表面超载 q
作用下的土压力计算

4.4.4 几种情况朗肯土压力的计算

1. 土体表面有均布荷载 q 作用

当墙后土体表面有连续均布荷载 q 作用时，均布荷载 q 在土中产生的上覆压力沿墙体方向呈矩形分布，分布强度为 q，如图 4-10 所示。土压力的计算方法是将上覆压力 γz 换为 $\gamma z + q$ 即可，如黏土的主动土压力强度为：

$$p_a = (\gamma z + q)K_a - 2c\sqrt{K_a} \qquad (4\text{-}11)$$

2. 成层土体中的土压力计算

一般情况下墙后土体均由几层不同性质的水平土层组成。在计算各点的土压力时，可先计算其相应的自重应力，如图 4-11 所示，在土压力公式中将 z 换为相应的自重应力即可，需注意的是土压力系数应采用各点对应土层的土压力系数值。

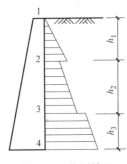

图 4-11 分层填土

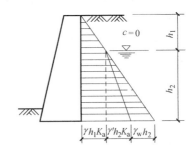

图 4-12 填土中有地下水

3. 墙后土体有地下水的土压力计算

当墙后土体中有地下水存在时，墙体除受到土压力的作用外，还受到水压力的作用。通常所说的土压力是指土粒有效应力形成的压力，其计算方法是地下水位以下部分采用土的有效重度计算，水压力按静水压力计算。如图 4-12 所示，但在实际工程中计算墙体上的侧压力时，考虑到土质条件的影响，可分别采用"水土分算"或"水土合算"的计算方法。所谓"水土分算"法是将土压力和水压力分别计算后再叠加的方法，这种方法比较适合渗透性大的砂土层情况；"水土合算"法在计算土压力时则将地下水位以下的土体重度取为饱和重度，水压力不再单独计算叠加，这种方法比较适合渗透性小的黏性土层情况。

【例 4-1】 某挡土墙墙高 $H = 4\mathrm{m}$，填土分两层，地下水位线距地面 2m，若填土面水平并有均匀荷载 $q = 20\mathrm{kPa}$，墙背垂直光滑，如图 4-13 所示。求作用在墙背上的主动土压力的大小及其分布。

【解】 （1）计算主动土压力系数

第一层土：$K_{a1} = \tan^2\left(45° - \dfrac{\varphi_1}{2}\right) = 0.33$

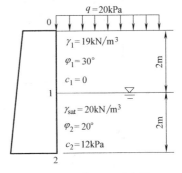

图 4-13 例 4-1 示意图

第二层土：$K_{a2}=\tan^2\left(45°-\dfrac{\varphi_2}{2}\right)=0.49$

（2）求土压力分布

第一层土顶面：$p_{a1上}=qK_{a1}=20\times0.33=6.6\text{kPa}$

第一层土底面：$p_{a1下}=(q+\gamma_1H_1)K_{a1}=(20+19\times2)\times0.33=19.14\text{kPa}$

第二层土顶面：$p_{a2上}=(q+\gamma_1H_1)K_{a2}-2c_2\sqrt{K_{a2}}$
$$=(20+19\times2)\times0.49-2\times10\times0.7=14.42\text{kPa}$$

第二层土底面：$p_{a2下}=(q+\gamma_1H_1+\gamma'H_2)K_{a2}-2c_2\sqrt{K_{a2}}$
$$=[20+19\times2+(20-10)\times2]\times0.49-2\times10\times0.7=24.22\text{kPa}$$

土压力合力 $E_a=6.6+19.14+14.42+24.22=64.38\text{kN/m}$

总水压力 $p_w=\dfrac{1}{2}\gamma_wH_2^2=\dfrac{1}{2}\times10\times2^2=20\text{kN/m}$

4.5 库仑土压力理论

4.5.1 基本假设

库仑（C. A. Coulomb）于1773年建立了库仑土压力理论，其基本假定为：

（1）挡土墙后土体为均匀各向同性无黏性土（$c=0$）；

（2）挡土墙后产生主动或被动土压力时墙后土体形成滑动土楔，其滑裂面为通过墙踵的平面；

（3）滑动土楔可视为刚体。

库仑土压力理论根据滑动土楔处于极限平衡状态时的静力平衡条件来求解主动土压力和被动土压力。

4.5.2 库仑主动土压力

1. 库仑主动土压力计算

如图4-14（a）所示，设挡土墙高为h，墙背俯斜，与垂线的夹角为ε，墙后土体为无黏性土（$c=0$），土体表面与水平线夹角为β，墙背与土体的摩擦角为δ。挡土墙在土压力作用下将向远离主体的方向位移（平移或转动），最后土体处于极限平衡状态，墙后土体将形成一滑动土楔，其滑裂面为平面BC，滑裂面与水平面成θ角。

沿挡土墙长度方向取1m进行分析，并取滑动土楔ABC为隔离体，作用在滑动土楔上的力有土楔体的自重W，滑裂面BC上的反力R和墙背面对土楔的反力E（土体作用在墙背上的土压力与E大小相等方向相反）。滑动土楔在W、R、E的作用下处于平衡状态，因此三力必形成一个封闭的力矢三角形，如图4-14（b）所示。

由三角形边和角的关系（正弦定理）可得：

$$\frac{E}{\sin(\theta-\varphi)}=\frac{E}{\sin[\pi-(\theta-\varphi+\psi)]}=\frac{W}{\sin(\theta-\varphi+\psi)} \tag{4-12}$$

由式（4-12）可得：

$$E = \frac{\sin(\theta - \varphi)}{\sin(\theta - \varphi + \psi)} W \tag{4-13}$$

土楔自重
$$W = \triangle ABC \cdot \gamma = \frac{1}{2} \overline{BC} \cdot \overline{AD} \cdot \gamma \tag{4-14}$$

在 $\triangle ABC$ 中利用正弦定理可得：

$$\overline{BC} = \overline{AB} \cdot \frac{\sin\left(\frac{\pi}{2} - \varepsilon + \beta\right)}{\sin(\theta - \beta)} \tag{4-15}$$

因为
$$\overline{AB} = \frac{h}{\cos\varepsilon} \tag{4-16}$$

所以
$$BC = h \cdot \frac{\cos(\varepsilon - \beta)}{\cos\varepsilon \cdot \sin(\theta - \beta)} \tag{4-17}$$

在 $\triangle ADB$ 中由正弦定理可得：

$$\overline{AD} = \overline{AB} \cdot \cos(\theta - \varepsilon) = h \cdot \frac{\cos(\theta - \varepsilon)}{\cos\varepsilon} \tag{4-18}$$

将式（4-17）、式（4-18）代入式（4-14）得：

$$W = \frac{\gamma \cdot h^2}{2} \cdot \frac{\cos(\varepsilon - \beta) \cdot \cos(\theta - \varepsilon)}{\cos^2\varepsilon \cdot \sin(\theta - \beta)} \tag{4-19}$$

将式（4-19）代入式（4-13）得 E 的表达式为：

$$E = \frac{\gamma \cdot h^2}{2} \cdot \frac{\cos(\varepsilon - \beta) \cdot \cos(\theta - \varepsilon) \cdot \sin(\theta - \varphi)}{\cos^2\varepsilon \cdot \sin(\theta - \beta) \cdot \sin(\theta - \varphi + \psi)} \tag{4-20}$$

在式（4-20）中，滑裂面和水平面的夹角 θ 是任意假定的，因此假定不同的滑裂面可以得出一系列相应的主动土压力值，也就是说 E 是 θ 的函数。E 的最大值即为墙背的主动土压力，其对应的滑裂面即是土楔的最危险滑裂面，为了确定主动土压力，令 $\frac{\mathrm{d}E}{\mathrm{d}\theta} = 0$，由此求得最危险滑裂面与水平面的夹角 $\theta_0 = \frac{\pi}{4} + \frac{\varphi}{2}$，再将 θ_0 代入式（4-20）得到库仑主动土压力：

$$E_a = \frac{1}{2} \gamma h^2 \frac{\cos^2(\varphi - \varepsilon)}{\cos^2\varepsilon \cdot \cos(\varepsilon + \delta)\left[1 + \sqrt{\dfrac{\sin(\varphi + \delta)\sin(\varphi - \beta)}{\cos(\varepsilon + \delta)\cos(\varepsilon - \beta)}}\right]^2} \tag{4-21}$$

K_a 为库仑主动土压力系数，其值为：

$$K_a = \frac{\cos^2(\varphi - \varepsilon)}{\cos^2\varepsilon \cdot \cos(\varepsilon + \delta)\left[1 + \sqrt{\dfrac{\sin(\varphi + \delta)\sin(\varphi - \beta)}{\cos(\varepsilon + \delta)\cos(\varepsilon - \beta)}}\right]^2} \tag{4-22}$$

则库仑主动土压力为：

$$E_a = \frac{1}{2} \gamma h^2 K_a \tag{4-23}$$

式中　K_a——库仑主动土压力系数；

　　　h——挡土墙高度，m；

　　　γ——土体重度，kN/m^3；

　　　φ——土体内摩擦角，°；

　　　ε——墙背倾斜角，墙背与垂线的夹角，俯斜为正，仰斜为负，°；

68

β——墙后填土面倾斜角，°；

δ——墙背与土体之间摩擦角，其值一般由试验确定，°。

2. 库仑主动土压力分布

库仑主动土压力强度分布图为三角形，E_a 的作用方向与墙背法线逆时针成 δ 角，作用点在距墙底 $h/3$ 处，如图 4-15 所示。

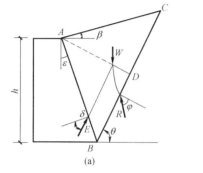

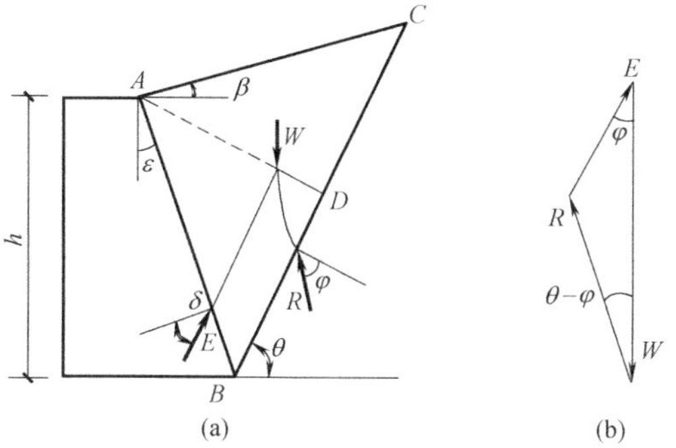

图 4-14　库仑主动土压力计算

（a）挡土墙与滑动土楔；（b）力矢三角形

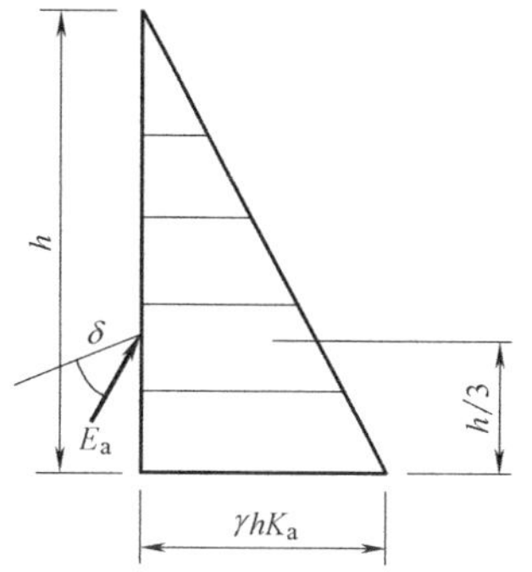

图 4-15　库仑主动土压力分布

【例 4-2】　挡土墙高 5m，墙背倾斜角 $\varepsilon=10°$（俯角），填土坡角 $\beta=20°$，填土重度 $\gamma=18\text{kN/m}^3$，$\varphi=30°$，$c=0$，填土与墙背的摩擦角 $\delta=2\varphi/3$，按库仑土压力理论计算主动土压力及其作用点。

【解】　根据 $\varepsilon=10°$，$\beta=20°$，$\gamma=18\text{kN/m}^3$，$\varphi=30°$，$c=0$ 和 $\delta=2\varphi/3$，按式（4-22）可求得主动土压力系数 $K_a=0.540$。

由于主动土压力沿墙背垂直面为三角形分布，故主动土压力的合力为：

$$E_a=\frac{1}{2}\gamma h^2 K_a=\frac{1}{2}\times18\times5^2\times0.54=121.5\text{kN/m}$$

主动土压力作用点在离墙底 $h/3=5.0/3=1.67\text{m}$ 处。

4.5.3　库仑被动土压力

库仑被动土压力计算公式的推导与库仑主动土压力的方法相似，计算简图如图 4-16 所示，计算公式为：

$$E_p=\frac{1}{2}\gamma h^2 K_p \tag{4-24}$$

$$K_p=\frac{\cos^2(\varphi+\varepsilon)}{\cos^2\varepsilon\cdot\cos(\varepsilon-\delta)\left[1-\sqrt{\dfrac{\sin(\varphi+\delta)\sin(\varphi+\beta)}{\cos(\varepsilon-\delta)\cos(\varepsilon-\beta)}}\right]^2} \tag{4-25}$$

式中　K_p——库仑被动土压力系数；

h——挡土墙高度，m；

γ——土体重度，kN/m^3；

φ——土体内摩擦角，°；

ε——墙背倾斜角，墙背与垂线的夹角，俯斜为正，仰斜为负，°；

β——墙后填土面倾斜角，°；

δ——墙背与土体之间摩擦角，其值一般由试验确定，°。

库仑被动土压力强度分布图为三角形，E_p的作用方向与墙背法线顺时针成δ角，作用点在距墙底$h/3$处。

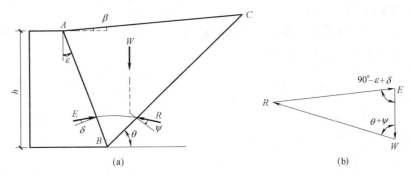

图 4-16　库仑被动土压力计算
(a) 挡土墙与滑动土楔；(b) 力矢三角形

当墙背垂直（$\varepsilon=0$）、光滑（$\delta=0$）、土体表面水平（$\beta=0$）时，库仑土压力计算公式与朗肯土压力公式一致。

库仑土压力理论是由无黏性土推导得到的，故不能直接用于计算黏性土中的土压力。

工程实践表明，墙后土体破坏时的滑动面只有主动状态下在墙背斜度不大且墙背与土体之间的摩擦角很小时才接近于平面，库仑公式的平面假设引起的误差在计算主动土压力时比较小，约为$2\%\sim10\%$；而在计算被动土压力时的误差较大，且误差随δ角的增大而增大，有时可达$2\sim3$倍，故工程中计算被动土压力一般不使用库仑公式。

4.5.4　黏性土与成层土中的库仑土压力计算

1. 黏性土中的库仑土压力计算

在实际工程中，为了利用库仑公式计算黏性土中的土压力，通常采用等代内摩擦角φ_d来综合考虑c、φ值对土压力的影响，即适当增大内摩擦角来反映黏聚力的影响，然后按砂性土的计算公式计算土压力。等代内摩擦角φ_d一般根据经验确定，地下水位以上的黏性土可取$\varphi_d=30°\sim35°$，地下水位以下的黏性土可取$\varphi_d=25°\sim30°$。还有如下的经验公式：

$$\varphi_d=\arctan\left(\tan\varphi+\frac{c}{\gamma h}\right) \tag{4-26a}$$

$$\varphi_d=\frac{\pi}{2}-2\arctan\left[\tan\left(\frac{\pi}{4}-\frac{\varphi}{2}\right)-\frac{2c}{\gamma h}\right] \tag{4-26b}$$

上述经验公式计算出的等代内摩擦角φ_d并非定值，而与挡土墙的高度有关，这可能导致土压力计算值出现较大的误差，具体计算中应结合原位土层和挡土墙的具体情况，确定一个比较合理的φ_d值。

2. 成层土中的库仑土压力计算

对实际工程中的成层土地基，设挡土墙后各土层的重度、内摩擦角和土层厚度分别为γ_i、φ_i和h_i，通常可将各土层的重度、内摩擦角按土层厚度进行加权平均，即

$$\gamma_m=\frac{\sum\gamma_i h_i}{\sum h_i} \tag{4-27}$$

$$\varphi_{m} = \frac{\sum \varphi_{i}h_{i}}{\sum h_{i}} \qquad (4\text{-}28)$$

然后按均值土情况采用 γ_{m}、φ_{m} 值近似计算其库仑土压力值。

4.5.5 朗肯和库仑土压力理论的讨论

朗肯和库仑两种土压力理论都是研究土压力问题的简化方法，两者存在着不同。

1. 当 $\alpha = 0$，$\beta = 0$，$\delta = 0$ 时，两者结果相同，所以朗肯公式是库仑公式的特例。

2. 朗肯土压力根据极限平衡稳定状态导出，忽略了墙背与墙背之间的摩擦影响，计算的主动土压力偏大，被动土压力偏小。

3. 库仑土压力理论根据滑动土楔体的静力平衡条件导出，假定填土为无黏性土，故不能直接计算黏性土的土压力，计算的主动土压力偏差在 $2\%\sim 10\%$ 之间，被动土压力偏差较大，可达 $2\sim3$ 倍，甚至更大。

4. 研究途径不同。朗肯理论在理论上比较严密，但应用不广，只能得到简单边界条件的解答。库仑理论是一种简化理论，但能适用于较为复杂的各种实际边界条件，应用更广。

5. 朗肯与库仑土压力理论均属于极限状态，计算出的土压力都是墙后土体处于极限平衡状态下的主动与被动土压力。

6. 库仑理论考虑了墙背与填土的摩擦作用，边界条件是正确的，但却把土体中的滑动面假定为平面，与实际情况和理论不符。一般来说其计算的主动压力偏小，被动土压力偏高。

7. 库仑土压力理论假定破裂面为通过墙踵的某一平面，这与实际情况不符合，一般情况下，破裂面为一曲面。

8. 朗肯和库仑土压力理论都假定土压力随深度线性分布，但是从试验结果来看，土压力的分布为非线性的。

4.6 挡土墙稳定性分析

挡土墙的设计方法有容许应力法和极限状态法两种。容许应力法是把结构材料视为理想的弹性体，在荷载的作用下产生的应力和应变不超过规定的容许值。极限状态法是根据结构在荷载作用下的工作特征，在容许应力法基础上发展形成的一种方法。但由于极限状态法在工程实践中的应用尚不充分，目前挡土墙的设计仍采用容许应力法。

设计挡土墙，一般按试算法确定截面尺寸。试算时可结合工程地质、填土性质、墙身材料和施工条件等因素按经验，初步确定截面尺寸，然后进行验算，如不满足可加大截面尺寸或采取其他措施，重新验算，直到满足要求为止。计算挡土墙时可按平面问题考虑，即沿墙的延伸方向截取单位长度的一段计算。计算内容通常包括：抗倾覆和抗滑移稳定性验算，地基承载力验算三部分。作用在挡土墙上的荷载有主动土压力、挡土墙自重、墙面埋入土部分所受的被动土压力，当埋入土中不是很深时，一般可以忽略不计，其结果偏于安全。

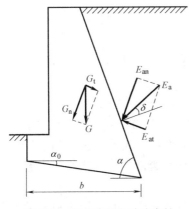 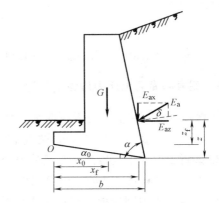

图 4-17　挡土墙抗滑移稳定性　　　　图 4-18　挡土墙抗倾覆稳定性

4.6.1　挡土墙的抗滑稳定性验算

如图 4-17 所示，为保证挡土墙的抗滑稳定性，在土压力及其他外力作用下，基底摩阻力抵抗挡土墙滑移的能力用抗滑系数 K_C 表示，即抗滑力与滑动力之比。抗滑系数为：

$$K_C = \frac{(G_n + E_{an})\mu}{E_{at} - G_t} \geqslant 1.3 \tag{4-29}$$

其中：

$$G_n = G\cos\alpha_0 \tag{4-30}$$

$$G_t = G\sin\alpha_0 \tag{4-31}$$

$$E_{an} = E_a\cos(\alpha - \alpha_0 - \delta) \tag{4-32}$$

$$E_{at} = E_a\sin(\alpha - \alpha_0 - \delta) \tag{4-33}$$

式中　G_n——垂直于挡墙底面的自重应力分量；

　　　G_t——平行于挡墙底面的自重应力分量；

　　　E_{an}——垂直于挡墙底面的主动土压力分量；

　　　E_{at}——平行于挡墙底面的主动土压力分量；

　　　α_0——挡墙底与水平地面的夹角；

　　　α——挡墙墙背与水平面的夹角；

　　　δ——岩土对挡墙墙背的摩擦角；

　　　μ——岩土对挡墙底面的摩擦系数。

4.6.2　挡土墙抗倾覆稳定性验算

为保证挡土墙的抗倾覆稳定性需验算墙身绕墙趾向外转动倾覆的能力，用抗倾覆系数 K_0 表示，即为对于墙趾的总稳定力矩 $\sum M_y$ 与总倾覆力矩 $\sum M_0$ 之比，如图 4-18 所示。

$$K_0 = \frac{\sum M_y}{\sum M_0} = \frac{G \cdot x_0 + E_{az} \cdot x_f}{E_{ax} \cdot z_f} \geqslant 1.6 \tag{4-34}$$

其中：

$$E_{ax} = E_a\sin(\alpha - \delta) \tag{4-35}$$

$$E_{az} = E_a\cos(\alpha - \delta) \tag{4-36}$$

$$x_f = b - z \cdot \cot\alpha \tag{4-37}$$

$$z_f = z - b \cdot \tan\alpha_0 \tag{4-38}$$

式中　E_{ax}——平行于水平面的主动土压力分量；

E_{az}——垂直于水平面的主动土压力分量；

α——挡墙墙背与水平面的夹角；

α_0——挡墙底与水平地面的夹角；

δ——岩土对挡墙墙背的摩擦角；

x_0——挡墙重心至墙趾的水平距离；

x_f——土压力作用点至墙趾的水平距离；

z_f——土压力作用点至墙趾的垂直距离。

本 章 小 结

1. 本章主要介绍了土压力的形成过程与土压力计算的朗肯理论和库仑理论。

2. 土压力是支挡结构和其他地下结构中普遍存在的受力形式。土压力的大小与支挡结构位移有很大的依存关系，并由此形成了三种土压力：静止土压力、主动土压力和被动土压力。

3. 静止土压力的计算方法由水平向自重应力计算公式演变而来，而朗肯土压力计算公式是由土的极限平衡条件推导得出，库仑土压力公式则是由滑动土楔的静力平衡条件推导获得的。

4. 各种土压力公式都有其适用条件，在实际使用中应注意。

思考题与练习题

1. 静止土压力、主动土压力和被动土压力产生的条件是什么？与哪些因素有关？其中影响最大的因素是什么？

2. 朗肯土压力理论的假定是什么？忽略墙背与土体之间的摩擦力对土压力的计算结果有什么影响？

3. 库仑土压力理论的假定是什么？它假定破裂面为平面，与实际情况有什么区别？对土压力的计算结果有什么影响？

4. 有一挡土墙高 6m，墙背竖直、光滑，墙后填土面水平，填土的物理力学指标为：$c = 15\text{kPa}$，$\varphi = 15°$，$\gamma = 18\text{kN/m}^3$。求主动土压力及其作用点并绘出主动土压力分布图。

5. 挡土墙高 5m，墙背倾斜角 $\varepsilon = 15°$（俯角），填土坡角 $\beta = 23°$，填土重度 $\gamma = 18\text{kN/m}^3$，$\varphi = 30°$，$c = 0$，填土与墙背的摩擦角 $\delta = 2\varphi/3$，按库仑土压力理论计算主动土压力及其作用点。

6. 挡土墙高 6m，墙背垂直、光滑，墙后土体表面水平，土体重度 $\gamma = 18.5\text{kN/m}^3$，$\varphi = 30°$，$c = 0$，求：（1）墙后无地下水时的总主动土压力；（2）当地下水位埋深 2m 时作用在挡土墙上的总压力（包括土压力和水压力）。

7. 挡土墙高 6m，墙背垂直、光滑，墙后土体表面水平，第一层土为黏土，厚度 3m，土层物理力学指标为：$\gamma_1 = 20\text{kN/m}^3$，$\varphi_1 = 30°$，$c_1 = 5\text{kPa}$；第二层为砂土，厚度 3m，物理力学指标为：$\gamma_1 = 18\text{kN/m}^3$，$\varphi_1 = 30°$，$c_1 = 0\text{kPa}$，求主动土压力强度，并绘出主动土压力沿墙高的分布。

第5章　工程地质勘察

【教学目标】　了解工程地质勘察的目的、任务和要求；熟悉工程地质勘察的几种常见方法；掌握工程地质勘察报告的编制要点；收集工程地质勘察报告实例进行识读、分析。

5.1　工程地质勘察的方法

勘探工作包括物探、钻探和坑探等方法。它是用来调查地下地质情况的，并且可利用勘探工程取样进行原位测试和监测。应根据勘察目的及岩土的特性选用勘探方法。常用的勘探方法有坑探、钻探、触探和地球物理勘探等。

1. 坑探

坑探就是用人工或机械方式挖掘坑、槽、井、洞。以便直接观察岩土层的天然状态以及各地层的地质结构，并能取出接近实际的原状结构土样。

2. 钻探

钻探是用钻机在地层中钻孔，以鉴别和划分地层，并可沿孔深取样，用以测定岩石和土层的物理力学性质，此外，土的某些性质也可直接在孔内进行原位测试。

钻机一般分回转式与冲击式两种。回转式转机是利用钻机的回钻器带动钻具旋转，磨削孔底地层而钻进，通常使用管状钻具，能取柱状岩芯标本。冲击式钻机则是利用卷扬机的钢丝绳带动有一定重量的钻具上下反复冲击，使钻头击碎孔底地层形成钻孔后以抽筒提取岩石碎块或扰动土样。

3. 触探

触探是通过探杆用静力或动力将金属探头贯入土中，并量测能表征土对触探头贯入的阻抗能力的指标，从而间接地判断土层及其性质的一类勘探方法和原位测试技术。作为勘探手段，触探可用于划分土层，了解地层的均匀性；作为测试技术，则可估计地基承载力和土的变形指标。

触探可分为静力触探和动力触探。

（1）静力触探

静力触探试验借静压力将触探头压入土中，利用电测技术测得贯入阻力来判定土的力学性质。

（2）动力触探

动力触探是将一定质量的穿心锤，以一定高度自由下落，将探头贯入土中，然后记录贯入一定深度的锤击次数，以此判别土的性质。

4. 地球物理勘探

地球物理勘探简称物探，它是通过研究和观测各种地球物理场的变化来探测地层岩性、地质构造等地质条件的。物探是一种间接的勘探手段，它的优点是比钻探和坑探轻便、经济而迅速，能够及时解决工程地质测绘中难于推断而又急待了解的地质情况，所以常常与测绘工作配合使用。它又可作为钻探和坑探的先行或辅助手段。常用的物探方法有直流电勘探、交流电勘探、重力勘探、磁法勘探、地震勘探、声波勘探、放射性勘探。

5.2　工程地质勘察报告的识读与编制

5.2.1　工程地质勘察的目的、任务和要求

1. 工程地质勘察的目的

岩土工程勘察是根据建设工程的要求，查明、分析、评价建设场地的地质、环境特征和岩土工程条件，编制勘察文件的活动。

工程地质勘察的目的是查明工程场地岩土技术条件。

2. 工程地质勘察的任务

（1）查明拟建建筑物场地的工程地质条件。

（2）对场地进行岩土工程地质分析评价。

（3）查明场地的地下水类型、水质、埋深及分布变化。

（4）编制相应的岩土工程地质勘察报告书。

3. 工程地质勘察的要求

（1）任务要求及勘察工作概况。

（2）场地位置、地形地貌、地质构造、不良地质现象及地震设计烈度。

（3）场地的地层分布、岩石和土的均匀性、物理力学性质、地基承载力和其他设计计算指标。

（4）地下水的埋藏条件和腐蚀性以及土层的冻结深度。

（5）对建筑场地及地基进行综合的工程地质评价，对场地的稳定性和适宜性作出结论，指出存在的问题并提出有关地基基础设计方案的建议。

5.2.2　工程地质勘察报告的编制和使用

1. 勘察报告的基本内容

岩土工程勘察报告的内容，应根据任务要求、勘察阶段、地质条件、工程特点等情况确定。

（1）文字部分

1）拟建工程名称、规模、用途；岩土工程勘察的目的、要求和任务；勘察方法、勘察工作量布置与完成的工作量。

2）建筑场地位置、地形地貌、地质构造、不良地质现象及地震基本烈度等。

3）场地的地层分布，结构、岩土的颜色、密度、湿度、稠度、均匀性、层厚；地下水的埋藏深度、水质侵蚀性及当地冻结深度。

4）建筑场地稳定性与适宜性的评价；各土层的物理力学性质及地基承载力等指标的

确定。

5）结论与建议：根据拟建工程的特点，结合场地的岩土性质，提出地基与基础设计方案的建议。推荐地基持力层的最佳方案，提出预测、监控和预防措施的建议。

（2）图表部分

一般工程的图表包括：

1）勘探点平面布置图：是在建筑场地地形底图上，把拟建建筑物的位置、层数、各类勘探点和原位测试点的编号与位置用不同的图例表示出来，并注明各勘探点、测试点的标高和深度、剖面线及其编号等。

2）岩土综合柱状图：是根据钻孔的现场记录整理出来的。主要内容是关于地层的分布（层面的深度、层厚）和地层的名称和特征描述。在柱状图中还应同时标出取土深度、标贯位置及击数、地下水等数据。

3）工程地质剖面图：反映某一勘探线上地层沿竖向和水平向的分布情况。绘制时，首先将勘探线的地形剖面线绘出，标出勘探线上各钻孔中的地层层面，再将相邻钻孔中相同的土层分界点以直线相连。剖面图应标出原状土样的取样位置和地下水位线。

4）室内土的物理力学性质试验总表：将室内试验成果列表，并附有关的试验成果曲线（如固结-压缩曲线、剪切试验曲线等）。

5）原位测试成果图表：将各种原位测试成果整理成表，并附测试成果曲线。重大工程应绘制综合工程地质图或工程地质分区图等。

2. 勘察报告的识读

（1）文字部分：主要包括工程概况，勘察目的、任务，勘察方法及完成工作量，依据的规范标准，工程地质、水文条件，岩土特征及参数，场地地震效应等，对地基作出综合评价。

（2）表格部分：土工试验成果表，物理力学指标统计表，分层土工试验报告表。以上表格主要用于设计。

（3）图部分：平面图、图例、剖面图、柱状图等。以上图形在现场应用较多。

3. 勘察报告的运用

（1）在查看地勘报告的基础上与现场开挖的地层情况进行对比，是否与地勘报告吻合。主要是看地层情况、厚度情况，因为这些指标直接与费用有关（特别是挖孔桩）。

（2）开挖到设计标高后，请地勘单位人员验槽确定是否与地勘相符并满足设计要求。发生与地勘报告不符的情况时，应及时请相关单位确定处理方案。

（3）同时根据基础的类型选择是否做钎探及确定钎探间距。

（4）在钎探出现与地勘报告明显不符，并有软弱下卧层（主要是砂层）的情况下，一般将进行地基处理，较多采用旋喷桩或挤密灌浆。

（5）当桩基础（主要是预制管桩、沉管灌注桩、钻孔灌注桩等）施工过程中发现地质条件与地勘报告明显不符时，应该做施工勘察。因为依据地勘报告确定的持力层不能够满足设计要求。

（6）地勘报告中柱状图、平面图、图例都是比较容易看懂的。而现场较多使用在理解上可能产生差异的是剖面图。剖面图主要是观察发展的趋势，同时必须考虑当地地质条件的复杂性和不确定性。

（7）基坑降水方案应按照地勘报告提供的相关参数（丰、枯水期地下水位；渗透系数等）进行设计。应严格按照地勘报告提供的参数和基坑的深度、平面位置确定降水井的孔径、深度及数量。

（8）在土方开挖前地勘报告的作用和应用，主要为是否采取护壁及护壁的结构形式；另外需要考虑的就是根据开挖的深度，计算可能的砂卵石开挖量，这是土方开挖确定单价需要考虑的主要因素。

（9）在山区要考虑布置临时设施（宿舍和道路），应避开或者远离可能发生地质灾害的地区。

地下水位高度，持力层的深度，土质及分层用来确定土方开挖方法、机械设备和降水施工方案、基坑支护方案。

本 章 小 结

1. 本章主要介绍了常用的工程地质勘察方法。

2. 工程地质勘察的最终成果是工程地质勘察报告书。勘察工作结束后，把各种直接和间接的资料整理、检查、分析，确认无误后进行归纳总结，并作出建筑场地的工程地质评价，最后以简明扼要的文字和清晰的图表编制报告书。

思考题与练习题

1. 试述岩土工程、工程地质的含义与联系。
2. 简述岩土工程勘察的任务与目的。
3. 岩土工程的研究内容有哪些？
4. 简述岩土工程勘察的概念。

第6章 天然地基上的浅基础设计

【**教学目标**】 掌握浅基础设计内容、方法、原则；了解浅基础类型；掌握基础埋置深度的确定；了解地基承载力的确定方法；熟练掌握常用的地基承载力计算方法；了解地基变形、稳定性计算原则；熟练掌握基础底面积的计算方法；熟练掌握无筋扩展基础、墙下混凝土条形基础、柱下混凝土独立基础设计。

6.1 概 述

地基和基础对建筑物的安全使用和工程造价影响很大，正确选择地基基础的类型十分重要。在选择地基基础类型时，主要考虑两方面的因素：一是建筑物的性质（包括建筑物的用途、重要性、结构形式、荷载性质和荷载大小等）；二是地基的地质情况（包括土层的分布、土的性质和地下水等）。

如果地基土是良好的土层或者上部有较厚的良好土层时，一般将基础直接做在天然土层上，这种地基称为"天然地基"。做在天然地基上、埋置深度小于 5m 的一般基础（柱基或墙基）以及埋置深度虽超过 5m 但小于基础宽度的大尺寸基础（如箱形基础），统称为天然地基上的浅基础。浅基础在计算时不需要考虑基础侧面的摩擦力。

如果地基土属于软弱土层（通常指承载力低于 100kPa 的土层），或者上部有较厚的软弱土层而不适宜于做天然地基上的浅基础时，通常采用其他方式处理：

（1）加固上部土层，提高土层的承载力，再把基础做在这种经过人工加固后的土层上。这种地基称为人工地基。

（2）在地基中打桩，把建筑物支撑在桩台上，建筑物的荷载由桩传到地基深处较为坚实的土层。这种基础称为桩基础。

（3）把基础做在地基深处承载力较高的土层上，即采用深基础。埋置深度大于 5m 或大于基础宽度的深基础，在计算基础时应该考虑基础侧面摩擦力的影响。

在上述地基基础类型中，天然地基上的浅基础施工方便、技术简单、造价经济，在一般情况下应尽可能采用。如果天然地基上的浅基础不能满足工程的要求，或经过比较后认为不经济，此时才考虑采用其他类型的地基基础。选用人工地基、桩基础或深基础，要根据建筑物地基的地质和水文地质条件，结合工程的具体要求，通过方案比较选定。

地基基础设计必须根据建筑物的用途和安全等级、建筑布置和结构类型，充分考虑建筑场地和地基岩土条件，结合施工条件以及工期、造价等各方面要求，合理选择地基基础方案，因地制宜、精心设计。

6.2 浅基础的设计原则、方法和内容

地基基础的设计，必须坚持因地制宜、就地取材的原则。根据地质勘察资料，综合考虑结构类型、材料供应以及施工条件等因素，精心设计，以保证建筑物的安全和正常使用。

6.2.1 地基基础的设计和计算原则

1. 对地基的计算要求

根据地基的复杂程度、建筑物规模和功能特征以及由于地基问题可能造成建筑物破坏或影响正常使用的程度，《建筑地基基础设计规范》GB 50007—2011 将地基基础设计分为三个设计等级（见表6-1）。

地基基础设计等级 表6-1

设计等级	建筑和地基类型
甲级	重要的工业与民用建筑物 30 层以上的高层建筑 体型复杂，层数相差超过 10 层的高低层连成一体的建筑物 大面积的多层地下建筑物(如地下车库、商场、运动场等) 对地基变形有特殊要求的建筑物 复杂地质条件下的坡上建筑物(包括高边坡) 对原有工程影响较大的新建建筑物 场地和地基条件复杂的一般建筑物 位于复杂地质条件及软土地区的二层及二层以上地下室的基坑工程 开挖深度大于 15m 的基坑工程 周边环境条件复杂、环境要求高的基坑工程
乙级	除甲级、丙级以外的工业与民用建筑物 除甲级、丙级以外的基坑工程
丙级	场地和地基条件简单，荷载分布均匀的七层及七层以下民用建筑及一般工业建筑；次要的轻型建筑物 非软土地区且场地地质条件简单、基坑周边环境条件简单、环境保护要求不高且开挖深度小于 5.0m 的基坑工程

根据建筑物地基基础设计等级及长期荷载作用下地基变形对上部结构的影响程度，地基基础设计应符合下列规定：

（1）所有建筑物的地基计算均应满足承载力计算的有关规定。

（2）设计等级为甲、乙级的建筑物，均应按地基变形设计。

（3）表 6-2 所列范围内设计等级为丙级的建筑物可不作变形验算，如有下列情况之一时，仍应作变形验算：

1）地基承载力特征值小于 130kPa，且体型复杂的建筑；

2）在基础上及其附近有地面堆载或相邻基础荷载差异较大，可能使地基产生过大的不均匀沉降时；

3）软弱地基上的建筑物存在偏心荷载时；

4）相邻建筑距离过近，可能发生倾斜时；

5）地基内有厚度较大或厚薄不匀的填土，其自重固结未完成时。

地基主要受力层情况	地基承载力特征值 f_{ak}(kPa)		$80{\leqslant}f_{ak}{<}100$	$100{\leqslant}f_{ak}{<}130$	$130{\leqslant}f_{ak}{<}160$	$160{\leqslant}f_{ak}{<}200$	$200{\leqslant}f_{ak}{<}300$
建筑类型	各土层坡度（%）		≤5	≤10	≤10	≤10	≤10
	砌体承重结构、框架结构（层数）		≤5	≤5	≤6	≤6	≤7
	单层排架结构（6m柱距）	单跨	吊车额定起重量（t）	10～15	15～20	20～30	30～50	50～100
			厂房跨度（m）	≤18	≤24	≤30	≤30	≤30
		多跨	吊车额定起重量（t）	5～10	10～15	15～20	20～30	30～75
			厂房跨度（m）	≤18	≤24	≤30	≤30	≤30
	烟囱	高度（m）	≤40	≤50	≤75		≤100
	水塔	高度（m）	≤20	≤30	≤30		≤30
		容积（m³）	50～100	100～200	200～300	300～500	500～1000

注：1. 地基主要受力层系指条形基础底面下深度为 $3b$（b 为基础底面宽度），独立基础下为 $1.5b$，且厚度均不小于 5m 的范围（二层以下的一般民用建筑除外）；

2. 地基主要受力层中如有承载力特征值小于 130kPa 的土层时，表中砌体承重结构的设计，应符合《建筑地基基础设计规范》GB 50007—2011 的有关要求。

（4）对经常受水平荷载作用的高层建筑、高耸结构和挡土墙等，以及建造在斜坡上或边坡附近的建筑物和构筑物，尚应验算其稳定性。

（5）基坑工程应进行稳定性验算。

（6）当地下水埋藏较浅，建筑地下室或地下构筑物存在上浮问题时，尚应进行抗浮验算。

2. 地基基础的设计和计算应该满足的三项基本原则

（1）为防止地基土体剪切破坏和丧失稳定性，应具有足够的安全度。

（2）应控制地基变形量，使之不超过建筑物的地基变形允许值，以免引起基础不利截面和上部结构损坏，或影响建筑物的使用功能和外观。

（3）基础的形式、构造和尺寸，除应能适应上部结构，符合使用需要，满足地基承载力（稳定性）和变形要求外，还应满足对基础结构的强度、刚度和耐久性的要求。

6.2.2　设计浅基础的过程

（1）充分掌握拟建场地的工程地质条件和地基勘察资料。

（2）了解当地的建筑经验，施工条件和就地取材的可能性，并结合实际考虑采用先进的施工技术和经济、可行的地基处理方法。

（3）选择基础类型和平面布置方案，并确定地基持力层和基础埋置深度。

（4）按地基承载力确定基础底面尺寸，进行必要的地基稳定性和变形验算。

（5）以简化的或考虑相互作用的计算方法进行基础结构的内力分析和截面设计。

6.2.3 天然地基上浅基础的设计内容与步骤

（1）初步设计基础的结构形式、材料与平面布置。

（2）确定基础的埋置深度 d。

（3）计算地基承载力特征值 f_{ak}，并经深度和宽度修正，确定修正后的地基承载力特征值 f_a。

（4）根据作用在基础顶面荷载 F 和深度修正后的地基承载力特征值，计算基础的底面积 A。

（5）计算基础高度并确定剖面形状。

（6）若地基持力层下部存在软弱土层时，则需验算软弱下卧层的承载力。

（7）对地基变形有控制要求的工程结构，均应按地基变形设计。

（8）验算建筑物或构筑物的稳定性（如有必要时）。

（9）基础细部结构和构造设计。

（10）绘制基础施工图，提出施工说明。

如果步骤（1）～（7）中有不满足要求的情况时，可对基础设计进行调整，如采取加大基础埋置深度 d 或加大基础宽度 b 等措施，直至全部满足要求为止。

6.2.4 浅基础设计所需资料

（1）建筑场地的地形图。

（2）岩土工程勘察成果报告。

（3）建筑物平面图、立面图和剖面图，荷载，特殊结构物布置与标高。

（4）建筑场地环境，邻近建筑物基础类型与埋深，地下管线分布。

（5）工程总投资与当地建筑材料供应情况。

（6）施工队伍技术力量及工期的要求。

6.3 浅基础的类型和基础材料

6.3.1 浅基础的结构类型

基础的作用就是把建筑物的荷载安全可靠地传给地基，保证地基不会发生强度破坏或者产生过大变形，同时还要充分发挥地基的承载能力。因此，基础的结构类型必须根据建筑物的特点（结构形式、荷载的性质和大小等）和地基土层的情况来选定。

浅基础的基本结构类型有：

1. 单独基础：柱的基础一般都是单独基础，如图 6-1 所示。

2. 条形基础：连续设置成长条形的基础即为条形基础，

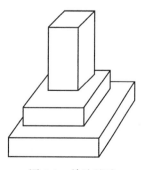

图 6-1　单独基础

例如墙的基础就是条形基础，如图6-2所示。

如果柱子的荷载较大而土层的承载能力又较低，做单独基础需要很大的面积，这种情况下也可采用柱下条形基础（图6-3），甚至柱下交叉条形基础（图6-4）和连梁式交叉条形基础（图6-5）。

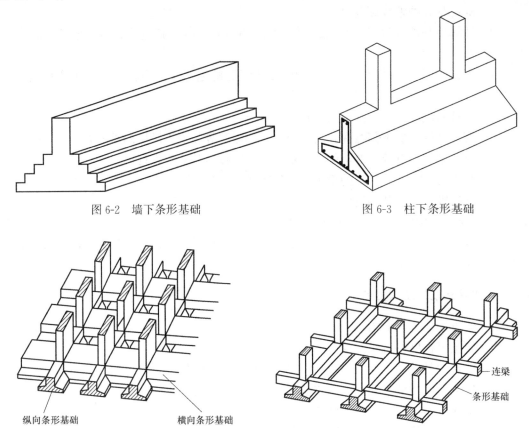

图 6-2　墙下条形基础

图 6-3　柱下条形基础

纵向条形基础　　　　横向条形基础

连梁

条形基础

图 6-4　柱下交叉条形基础

图 6-5　连梁式交叉条形基础

如果建筑物较轻、作用于墙上的荷载不大、基础又需要做在较深处的好土层上时，做条形基础可能不经济，这时可以在墙下加一根过梁，将过梁支在单独基础上，这种基础称为墙下单独基础（图6-6）。

3. 筏形基础和箱形基础

当柱子或墙传来的荷载很大、地基土较软弱、用单独基础或条形基础都不能满足地基承载力的要求时，或者地下水位常年在地下室的地坪以上，为了防止地下水渗入室内时，往往需要把整个房屋底面（或地下室部分）做成一片连续的钢筋混凝土板作为房屋的基础，这种基础称为筏形基础。根据基础刚度的要求，可以分为平

基础圈梁

$3 \times \frac{1}{4}$ 砖

2皮砖

1皮砖　2皮砖

2皮砖

大放脚

灰土

图 6-6　墙下单独基础

板式筏板（等厚度）和梁板式筏板（下翻地梁），如图 6-7 所示。

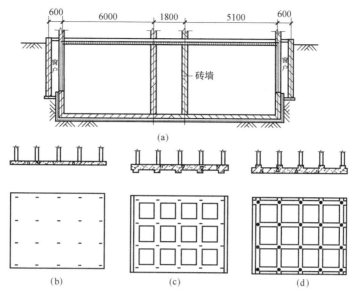

图 6-7 筏形基础

（a）墙下筏形基础；（b）平板式柱下筏形基础；（c）下梁板式柱下筏形基础；（d）上梁板式柱下筏形基础

为了增加基础板的刚度，以减小不均匀沉降，高层建筑物往往把地下室的底板、顶板、侧墙及一定数量的内墙做成一个整体刚度很强的钢筋混凝土箱形结构，这种基础称为箱形基础（图 6-8）。

4. 壳体基础

为改善基础的受力性能，基础可以做成各种形式的壳体，称为壳体基础（图 6-9），使基础径向内力转变为以压应力为主，以节省用料。高耸建筑物，如烟囱、水塔、电视塔等基础常做成壳体基础。

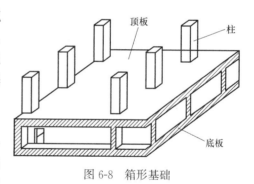

图 6-8 箱形基础

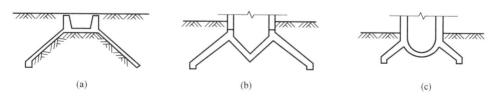

图 6-9 壳体基础

（a）正圆锥壳；（b）M 形组合壳；（c）内球外锥组合壳

6.3.2 刚性基础和扩展基础

1. 刚性基础

单独基础或条形基础，上面承受柱子或墙传来的荷载，下面承受地基的反力，其工

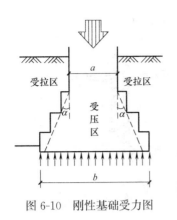

图 6-10　刚性基础受力图

作条件像个倒置的两边外伸的悬臂梁。这种结构受力后，在靠柱边、墙边或断面高度突然变化的台阶边缘处容易产生弯曲破坏（图6-10）。为了防止弯曲破坏，对于用砖、砌石、素混凝土和灰土等抗拉性能很差的材料做成的基础，要求基础有一定的高度，使弯曲所产生的拉应力不会超过材料的抗拉强度。其控制办法是使基础的外伸长度 b_t 和基础高度 h 的比值不超过规定的容许比值。各种材料所容许的宽高比见表6-3。

无筋扩展基础台阶宽高比的允许值　　　　表6-3

基础材料	质量要求	台阶宽高比的允许值		
		$p_k \leqslant 100$	$100 < p_k \leqslant 200$	$200 < p_k \leqslant 300$
混凝土基础	C15 混凝土	1：1.00	1：1.00	1：1.25
毛石混凝土基础	C15 混凝土	1：1.00	1：1.25	1：1.50
砖基础	砖不低于 MU10、砂浆不低于 M5	1：1.50	1：1.50	1：1.50
毛石基础	砂浆不低于 M5	1：1.25	1：1.50	—
灰土基础	体积比为 3：7 或 2：8 的灰土，其最小干密度：粉土 1.55t/m³，粉质黏土 1.50t/m³，黏土 1.45t/m³	1：1.25	1：1.50	
三合土基础	体积比 1：2：4～1：3：6 （石灰：砂：骨料），每层约虚铺 220mm，夯至 150mm	1：1.50	1：2.00	—

注：1. p_k 为相应于荷载效应标准组合时基础底面处的平均压力，kPa；
　　2. 阶梯形毛石基础的每阶伸出宽度不宜大于 200mm；
　　3. 当基础由不同材料叠合组成时，应对接触部分作抗压验算；
　　4. 混凝土基础单侧扩展范围内基础底面处的平均压力超过 300kPa 时，尚应进行抗剪验算；对基底反力集中于立柱附近的岩石地基，尚应进行局部受压承载力验算。

b_t/h 的比值就是角度 α 的正切，即 $\tan\alpha = b_t/h$。与容许的 b_t/h 值相应的角度 α 称基础的刚性角。刚性角是指刚性基础中的压力分布角，由基础材料的强度特性决定。无筋扩展基础的截面尺寸由基础材料的刚性角确定，原则是确保基础底面不产生拉力，最大限度地节约基础材料。

由砖、砌石、素混凝土和灰土等材料做成满足刚性角要求的基础称为刚性基础。为便于施工，基础一般做成台阶形。满足刚性角要求的基础，各台阶的内缘应落在与墙边或柱边铅垂线呈 α 角的斜线上（图6-11b）。若台阶内缘进入斜线以内（图6-11a），基础断面不安全。若台阶内缘在斜线以外（图6-11c）则断面不够经济。

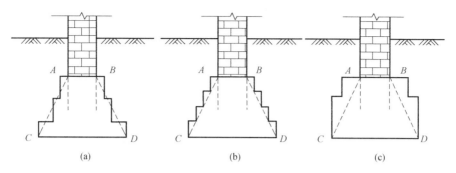

图 6-11　刚性基础断面设计

（a）不安全；（b）正确设计；（c）不经济

刚性基础用于 6 层和 6 层以下的一般民用建筑和承重墙的轻型厂房，超过此范围时，必须验算基础强度，三合土基础不宜用于 4 层以上的建筑。

2. 扩展基础

当基础的高度不能满足刚性角要求时，可以做成钢筋混凝土基础。柱下钢筋混凝土独立基础（图 6-12）和墙下钢筋混凝土条形基础（图 6-13）统称为扩展基础。

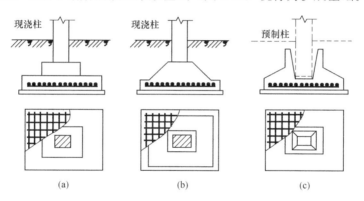

图 6-12　柱下钢筋混凝土独立基础

（a）台阶形；（b）锥台形；（c）杯口形

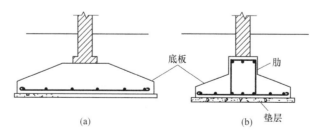

图 6-13　墙下钢筋混凝土条形基础

（a）无肋的；（b）有肋的

6.3.3　基础材料

基础埋在土中，经常受潮，容易受侵蚀，而且它是建筑物的隐蔽部分，破坏了不容易发现，也不容易修复，所以必须保证基础的材料有足够的强度和耐久性。因此，对于基础的材料有一定的要求。

1. 灰土

我国在1000多年以前就已采用灰土作为基础垫层，效果很好。作为基础材料用的灰土，一般为三七灰土，即将体积比3：7的石灰和黏性土拌匀后分层夯实。灰土的强度与夯实的程度关系很大，要求施工后达到干重度不小于 $14.5 \sim 15.5 \text{kN/m}^3$。灰土的承载力标准值可采用 $200 \sim 250 \text{kPa}$。灰土早期强度低，抗冻性和抗水性也较差，所以灰土作为基础材料，一般只用于地下水位以上。

2. 砖

砖基础所用的砖和砂浆的强度等级，根据地基土的潮湿程度和地区的寒冷程度而有不同的要求。按照《砌体结构设计规范》GB 50003—2011 的规定，地面以下或防潮层以下的砖砌体，所用的材料强度等级不得低于表6-4所规定的数值。此外，用石灰及砂制成的灰砂砖和其他轻质砖均不得用于基础。

烧结普通砖和烧结多孔砖砌体的抗压强度设计值（MPa）　　　　表 6-4

砖强度等级	砂浆强度等级					砂浆强度
	M15	M10	M7.5	M5	M2.5	0
MU30	3.94	3.27	2.93	2.59	2.26	1.15
MU25	3.60	2.98	2.68	2.37	2.06	1.05
MU20	3.22	2.67	2.39	2.12	1.84	0.94
MU15	2.79	2.31	2.07	1.83	1.60	0.82
MU10	—	1.89	1.69	1.50	1.30	0.67

注：当烧结多孔砖的孔洞率大于30%时，表中数值应乘以0.9。

3. 石料

料石（经过加工、形状规则的石块）、毛石和大漂石有相当高的强度和抗冻性，是基础的良好材料。在山区，石料可就地取材，方便经济。做基础的石料要选用质地坚硬、不易风化的岩石。石块的厚度不宜小于15cm。石料和砂浆的强度等级见表6-5。

毛石砌体的抗压强度设计值（MPa）　　　　表 6-5

毛石强度等级	砂浆强度等级			砂浆强度
	M7.5	M5	M2.5	0
MU100	1.27	1.12	0.98	0.34
MU80	1.13	1.00	0.87	0.30
MU60	0.98	0.87	0.76	0.26
MU50	0.90	0.80	0.69	0.23
MU40	0.80	0.71	0.62	0.21
MU30	0.69	0.61	0.53	0.18
MU20	0.56	0.51	0.44	0.15

4. 混凝土

混凝土的耐久性、抗冻性和强度都较高，且便于机械化施工和预制，但混凝土基础造价稍高，较多用于地下水位以下的基础及垫层。

5. 钢筋混凝土

钢筋混凝土具有很强的抗弯、抗剪能力，是很好的基础材料。主要用于荷载大、土质软弱的情况或地下水位以下的扩展基础、筏形基础、箱形基础和壳体基础。对于一般的钢筋混凝土基础，混凝土的强度等级应不低于 C15，壳体基础的混凝土强度等级应不低于 C20。

6.4 基础的埋置深度

基础底面埋在地面（一般指设计地面）下的深度，称为基础的埋置深度。为了保证基础安全，同时减少基础的尺寸，要尽量把基础放在良好的土层上。但是基础埋置过深不仅施工不方便，且提高了基础造价。影响基础埋置深度的因素很多，其中最主要的因素如下所述。

6.4.1 建筑物的功能和基础的构造要求

基础的埋置深度首先取决于建筑物或构筑物的功能要求。如有地下室，则要适当增加埋深提供必要的地下空间。对沉降要求严格的，需要调整埋深达到控制沉降的目的。对超静定结构，小位移可引起结构大的内力，需埋在较好的土层上。如荷重不均匀分布可能引起不均匀沉降，可采用不同的埋深。合理的埋置深度选择原则：在保证安全可靠的前提下，尽量浅埋。但不应浅于 0.5m，因为表土一般都松软，易受雨水及外界影响，不宜作为基础的持力层；基础顶面应低于设计地面 0.1m 以上，避免基础外露，遭受外界破坏；基础底面应低于所在土层顶面以下不少于 0.1m。

6.4.2 工程地质条件与水文地质条件

直接支撑基础的土层称为持力层，其下的各土层称为下卧层。为了保证建筑物的安全，必须根据荷载的大小和性质给基础选择可靠的持力层。当基础存在软弱下卧层时，基础应尽可能浅埋以便加大基底至软弱层的距离。

1. 当地基土都是承载力高且压缩性小的均质好土时（图 6-14a），土质对基础埋深的影响不大，埋深由其他因素确定。

2. 如果地基内都是软土（图 6-14b），其压缩性高、承载力很小，一般不宜采用天然地基上的浅基础。

3. 如果地基由两层土组成，上层是软土，下层是好土（图 6-14c）。基础的埋深要根据软土的厚度和建筑物的类型来确定：

（1）软土厚在 2m 以内时，基础宜直接砌置在下层的好土上。

（2）软土厚度在 2～4m 之间，对于低层的建筑物，可将基础做在软土内，避免大量开挖土方，但要适当加强上部结构的刚度。对于重要的建筑物或带有地下室的一般混合结构，则宜将基础做在下面的好土层上。地下水位高时，应考虑采用桩基。

（3）软土厚度大于 5m 时，一般不宜采用天然地基上的浅基础。

4. 如果地基由两层土组成，上层是好土，下层是软土（图 6-14d）。在这种情况下，应尽可能将基础浅埋，以减少软土层所受的压力。如果好土层很薄，一般不宜采用天然地基上的浅基础。

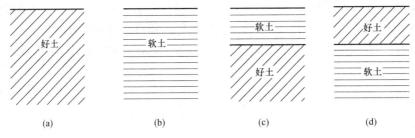

图 6-14　不同地质条件的情况

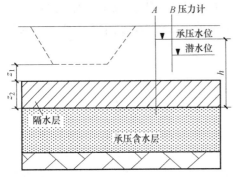

图 6-15　基坑下埋藏有承压含水层的情况

5. 当地层由若干层好土和软土交替组成时，应根据各土层的厚度和承载力的大小，参照上述原则选择基础的埋置深度。

基础应尽量埋置在地下水位以上，避免施工时进行基槽排水。如果地基有承压水时，则要校核开挖基槽后承压水层以上的基底隔水层是否会因压力水的浮托作用而发生流土破坏，如图 6-15 所示。

$$k\gamma(z_1+z_2)>\gamma_w h_w \qquad (6-1)$$

式中，k 一般取 1.0，对宽基坑取 0.7。

对于桥梁结构：修建在河流中的桥梁基础，当河流发生冲刷时，为了防止桥梁墩、台基础四周和基底下土层被水流掏空冲走，不致使墩台基础失去支撑而倒塌，基础必须埋置在设计洪水的最大冲刷线以下一定的深度，以保证基础的安全。为了保证地基和基础的稳定性，一般桥梁基础的埋置深度应在天然地面或无冲刷河流的河底以下不小于 1m。

6.4.3　地基基础的稳定性要求

基础还具有抵抗水平荷载的能力。基础埋深大时，侧向土压力对基础及上部结构的抗倾覆作用是明显的。因此，对竖向荷载大，且可能遭遇较大水平荷载作用时，确定埋深时应考虑整体稳定性要求。《建筑地基基础设计规范》GB 50007—2011 规定，在抗震设防区，除岩石地基外，天然地基上的箱形和筏形基础其埋置深度不宜小于建筑物高度的 1/15；桩箱和桩筏基础的埋置深度（不计桩长）不宜小于建筑物高度的 1/18。

位于稳定边坡坡顶上的建筑物，应综合考虑

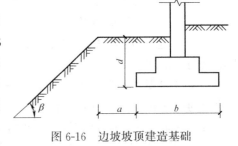

图 6-16　边坡坡顶建造基础

基础类型、底面尺寸、基础与坡顶间的水平距离等因素（图 6-16）。对条形或矩形基础，埋深应按下式确定：

条形基础：$\qquad\qquad d\geqslant(3.5b-a)\tan\beta \qquad\qquad (6-2)$

矩形基础：$\qquad\qquad d\geqslant(2.5b-a)\tan\beta \qquad\qquad (6-3)$

6.4.4 场地环境条件

如果与邻近建筑物的距离很近时，为保证相邻原有建筑物的安全和正常使用，基础埋置深度宜小于或等于相邻建筑物的埋置深度。如果基础深于原有建筑物基础时，要使两基础之间保持一定距离，其净距 L 一般为相邻两基础底面高差 H 的 $1\sim2$ 倍，如图 6-17 所示，以免开挖基坑时，坑壁塌落，影响原有建筑物地基的稳定。如不能满足这一要求时，应采取施工措施，如分段施工、设临时加固支撑或板桩支撑等。

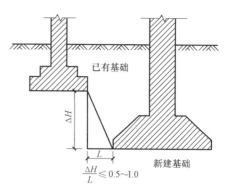

图 6-17 不同埋深相邻基础布置

在荷载较大的高层建筑和对不均匀沉降要求严格的建筑物设计中，为减少沉降，取得较大的承载力，需把基础埋置在较深的良好土层上。此外，承受水平荷载较大的基础，应有足够大的埋置深度，以保证地基的稳定性。

6.4.5 寒冷地区地基的冻结深度

在寒冷地区的冬季，上层土中的水因温度降低而冻结。土冻结后，含水量增加，体积膨胀（冻胀现象）。春季气温回升，冻土层解冻时体积缩小，强度下降，从而产生融陷现象。冻胀和融陷都是不均匀的，将产生冻胀和融陷变形，影响建筑的正常使用，甚至导致破坏，如图 6-18 所示。

图 6-18 地下室一侧基础下
冻土融陷造成砖墙开裂

地基内土的冻结深度主要决定于当地的气候条件，气温越低，低温的持续时间越长，冻结深度就越大。《建筑地基基础设计规范》GB 50007—2011 中将地基土的冻胀性划分为：不冻胀、弱冻胀、冻胀、强冻胀和特强冻胀 5 类。

季节性冻土地基的场地冻结深度应按下式计算：

$$z_d = z_0 \cdot \psi_{zs} \cdot \psi_{zw} \cdot \psi_{ze} \tag{6-4}$$

式中　z_d——场地冻结深度（m），当有实测资料时按 $z_d = h' - \Delta z$ 计算；

　　h'——最大冻深出现时场地最大冻土层厚度（m）；

　　Δz——最大冻深出现时场地地表冻胀量（m）；

　　z_0——标准冻结深度（m）；

　　ψ_{zs}——土的类别对冻深的影响系数，见表 6-6；

　　ψ_{zw}——土的冻胀性对冻深的影响系数，见表 6-7；

　　ψ_{ze}——环境对冻深的影响系数，见表 6-8。

土的类别对冻深的影响系数　　　　　　　　　　表 6-6

土的类别	影响系数 ψ_{zs}	土的类别	影响系数 ψ_{zs}
黏性土	1.00	中砂、粗砂、砾砂	1.30
细砂、粉砂、粉土	1.20	碎石土	1.40

土的冻胀性对冻深的影响系数　　　　　　　　　　表 6-7

冻胀性	影响系数 ψ_{zw}	冻胀性	影响系数 ψ_{zw}
不冻胀	1.00	强冻胀	0.85
弱冻胀	0.95	特强冻胀	0.80
冻胀	0.90		

环境对冻深的影响系数　　　　　　　　　　表 6-8

周围环境	影响系数 ψ_{ze}	周围环境	影响系数 ψ_{ze}
村、镇、旷野	1.00	城市市区	0.90
城市近郊	0.95		

注：环境影响系数一项，当城市市区人口为 20～50 万时，按城市近郊取值；当城市市区人口大于 50 万小于等于 100 万时，只计入市区影响；当城市市区人口超过 100 万时，除计入市区影响外，尚应考虑 5km 以内的郊区近郊影响系数。

　　季节性冻土地区基础埋置深度宜大于场地冻结深度。对于深厚季节冻土地区，当建筑基础底面土层为不冻胀、弱冻胀、冻胀土时，基础埋置深度可以小于场地冻结深度，基底允许冻土层最大厚度 h_{max} 应根据当地经验确定。按《建筑地基基础设计规范》GB 50007—2011，h_{max} 值可查表 6-9 得到。

建筑基底允许冻土层最大厚度 h_{max}（m）　　　　　　　　　　表 6-9

冻胀性	基础形式	采暖情况	基底平均压力(kPa)	110	130	150	170	190	210
弱冻胀土	方形基础	采暖		0.90	0.95	1.00	1.10	1.15	1.20
		不采暖		0.70	0.80	0.95	1.00	1.05	1.10
	条形基础	采暖		>2.25	>2.50	>2.50	>2.50	>2.50	>2.50
		不采暖		2.20	2.50	>2.50	>2.50	>2.50	>2.50
冻胀土	方形基础	采暖		0.65	0.70	0.75	0.80	0.85	—
		不采暖		0.55	0.60	0.65	0.70	0.75	—
	条形基础	采暖		1.55	1.80	2.00	2.20	2.50	—
		不采暖		1.15	1.35	1.55	1.75	1.95	—

注：1. 本表只计算法向冻胀力，如果基坑侧存在切向冻胀力，应采取防切向力措施；
　　2. 基础宽度小于 0.6m 时不适用，矩形基础取短边尺寸按方基础计算；
　　3. 表中数据不适用于淤泥、淤泥质土和欠固结土；
　　4. 计算基底平均压力时取永久作用的标准组合值乘以 0.9，可以内插。

　　此时，基础最小埋深 d_{min} 可按式（6-5）计算：

$$d_{min} = z_d - h_{max} \tag{6-5}$$

式中　h_{max}——基础底面下允许冻土层的最大厚度（m）。

　　对于不冻胀的土，选择基础的埋置深度时，不考虑冻深的影响。对于冻胀性土，按式

（6-6）确定基础的最小埋深 $d_{\min}$：

$$d_{\min} = z_0 \varphi_t - d_{fr} \tag{6-6}$$

式中　　d_{fr}——残留冻土层厚度，m；

　　　　z_0——标准冻结深度，m；

　　　　φ_t——采暖情况对冻深影响的系数。

残留冻土层厚度 d_{fr} 是指基底下虽然残留有一定的冻土层厚度，但所产生的冻胀量很小，完全为上部结构所允许，所以在确定基础埋深时，这部分土层可以保留，不必挖除。残留冻土层厚度可由下式确定：

弱冻胀土　　　　　$d_{fr} = 0.17 z_0 \varphi_t + 0.26 \tag{6-7}$

冻胀土　　　　　　$d_{fr} = 0.15 z_0 \varphi_t \tag{6-8}$

强冻胀土　　　　　$d_{fr} = 0 \tag{6-9}$

标准冻结深度 z_0 指多年实测的最大冻结深度的平均值，如北京为 0.8～1.0m，沈阳为 1.2m，大连为 0.8m，济南为 0.5m，哈尔滨为 2.0m。

建筑物采暖情况对冻深的影响系数 φ_t 指修建建筑物后，由于采暖建筑物范围内实际冻结深度将有所减小。因此，确定埋深时应将此因素考虑在内。若采暖期间室内的平均温度小于 10℃，则 φ_t 值取 1.0。对不采暖的建筑 φ_t 取 1.1。

6.5　地基承载力的确定

地基承载力是建筑地基基础设计中的一个关键指标，各类地基承受基础传来荷载的能力都有一定的限度。超过这一限度，首先发生建筑物较大的不均匀沉降，引起房屋开裂；如果超越这一限度过多，则可能因地基土发生剪切破坏而整体滑动或急剧下沉，造成建筑物的倾倒或严重受损。

地基承载力是指地基土单位面积上承受荷载的能力。这里所谓的能力是指地基土体在荷载作用下保证强度和稳定，地基不产生过大沉降或不均匀沉降。

地基承载力确定方法为：

（1）按现场载荷试验或其他原位试验确定地基承载力。

（2）按地基土的强度理论确定地基承载力。

（3）按经验方法确定地基承载力。

6.5.1　按现场载荷试验或其他原位试验确定地基承载力

按照载荷板埋置深度，地基的载荷试验分为浅层平板载荷试验和深层平板载荷试验。浅层平板载荷试验的承压板面积不应小于 0.25m²，对于软土不应小于 0.5m²；试验基坑宽度不应小于承压板宽度或直径的 3 倍，并应保持试验土层的原状结构和天然湿度，如图 6-19 所示。

根据平板载荷试验所得到的 $p\text{-}s$ 曲线，可分为三种情况确定地基承载力（图 6-20）。

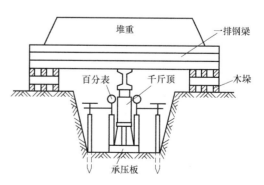

图 6-19　载荷试验示意图（堆载）

（1）当 p-s 曲线上有比例界限时，取该比例界限所对应的荷载值。

（2）当极限荷载小于对应比例界限的荷载值的 2 倍时，取极限荷载值的一半。

（3）不能按上述 2 个条件取值时，当压板面积为 $0.25\sim0.50\text{m}^2$，可取 $s/b=0.01\sim0.015$ 所对应的荷载，但其值不应大于最大加载量的一半。

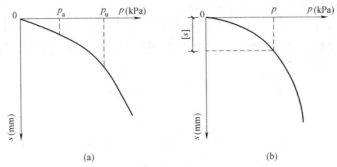

图 6-20　按荷载试验曲线确定地基承载力

6.5.2　按地基土的强度理论确定地基承载力

《建筑地基基础设计规范》GB 50007—2011 根据地基临界荷载 $P_{1/4}$ 的理论公式，并结合经验给出计算地基承载力特征值的公式。

$$f_a=M_b\gamma b+M_d\gamma_m d+M_c c_k \tag{6-10}$$

式中　　　　f_a——由土的抗剪强度指标确定的地基承载力特征值；

M_b、M_d、M_c——承载力系数，根据持力层土的内摩擦角 φ_k 值按表 6-10 确定；

　　　　γ——持力层土的重度，地下水位以下取浮重度；

　　　　γ_m——基底以上土层的加权平均重度，地下水位以下取浮重度；

　　　　b——基础底面宽度（m），当大于 6m 时按 6m 考虑，对于砂土，小于 3m 时按 3m 计算；

　　　　c_k——基底下 1 倍基宽深度范围内土的黏聚力标准值；

　　　　d——基础埋置深度（m），一般自室外地面标高算起。在填方整平地区，可自填土地面标高算起，但填土在上部结构施工后完成时，应从天然地面标高算起。对于地下室，如采用箱形基础或筏基时，基础埋置深度自室外地面标高算起；当采用独立基础或条形基础时，应从室内地面标高算起。

承载力系数 M_b、M_d、M_c　　　　　　表 6-10

$\varphi_k(°)$	M_b	M_d	M_c	$\varphi_k(°)$	M_b	M_d	M_c
0	0.00	1.00	3.14	22	0.61	3.44	6.04
2	0.03	1.12	3.32	24	0.80	3.87	6.45
4	0.06	1.25	3.51	26	1.10	4.37	6.90
6	0.10	1.39	3.71	28	1.40	4.93	7.40
8	0.14	1.55	3.93	30	1.90	5.59	7.95
10	0.18	1.73	4.17	32	2.60	6.35	8.55
12	0.23	1.94	4.42	34	3.40	7.21	9.22
14	0.29	2.17	4.69	36	4.20	8.25	9.97
16	0.36	2.43	5.00	38	5.00	9.44	10.80
18	0.43	2.72	5.31	40	5.80	10.84	11.73
20	0.51	3.06	5.66				

使用该公式计算地基承载力的要点为：

（1）适用于当偏心距小于或等于0.033倍基础底面宽度时的地基承载力计算。

（2）采用该公式确定地基承载力值时，在验算地基承载力的同时必须进行地基的变形验算。

（3）地下水位以下的土层，应取有效重度（浮重度）。

【例6-1】 已知某黏性土的内摩擦角标准值$\varphi_k = 20°$，黏聚力$c_k = 12kPa$，基础底宽$b = 1.8m$，埋深$d = 1.2m$，基底以上土的重度$\gamma = 18.3kN/m^3$，基底以下土的重度$\gamma = 19.0kN/m^3$，有效重度$\gamma' = 10kN/m^3$，轴心受压。试按下列两种情况分别确定地基承载力特征值f_a。（1）基底以下无地下水；（2）基底以下0.1m处为地下水面。

【解】（1）按$\varphi_k = 20°$查表6-10得，$M_b = 0.51$，$M_d = 3.06$，$M_c = 5.66$

$$f_a = M_b \gamma b + M_d \gamma_m d + M_c c_k$$
$$= 0.51 \times 19 \times 1.8 + 3.06 \times 18.3 \times 1.2 + 5.66 \times 12$$
$$= 152.6kPa$$

（2）由于地下水位离基底很近，故基底下土的重度取有效重度，$M_b = 0.51$，$M_d = 3.06$，$M_c = 5.66$

$$f_a = M_b \gamma' b + M_d \gamma_m d + M_c c_k$$
$$= 0.51 \times 10 \times 1.8 + 3.06 \times 18.3 \times 1.2 + 5.66 \times 12$$
$$= 144.3kPa$$

6.5.3 按经验方法确定地基承载力

由载荷试验或其他原位测试、经验值等方法确定的地基承载力特征值，当基础宽度大于3m或埋置深度大于0.5m时，应按下式进行深度和宽度的修正：

$$f_a = f_{ak} + \eta_b \gamma(b-3) + \eta_d \gamma_m (d-0.5) \tag{6-11}$$

式中 f_a——修正后的地基承载力特征值；

      f_{ak}——按现场载荷试验或其他原位测试、经验值等方法确定的地基承载力特征值；

   η_b、η_d——基础宽度与深度的承载力修正系数，根据基底土的类别查表6-11得到；

      b——基础底面宽度（短边），当基础宽度小于3m时按3m计算，大于6m时按6m取值；

      d——基础埋置深度，一般自室外地面算起（如图6-21所示）。

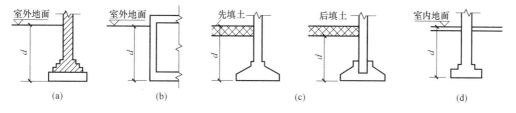

图6-21 基础埋置深度计算值

（a）一般基础；（b）箱形基础；（c）填土基础；（d）地下室内墙柱基

土的类别		η_b	η_d
淤泥和淤泥质土		0	1.0
人工填土 e 或 I_L 大于等于 0.85 的黏性土		0	1.0
红黏土	含水比 $\alpha_w>0.8$	0	1.2
	含水比 $\alpha_w\leqslant 0.8$	0.15	1.4
大面积压实填土	压实系数大于 0.95，黏粒含量 $\rho_c \geqslant 10\%$ 的粉土	0	1.5
	最大干密度大于 2.1t/m^3 的级配砂石	0	2.0
粉土	黏粒含量 $\rho_c \geqslant 10\%$ 的粉土	0.3	1.5
	黏粒含量 $\rho_c < 10\%$ 的粉土	0.5	2.0
e 及 I_L 小于 0.85 的黏性土		0.3	1.6
粉砂、细砂(不包括很湿与饱和时的稍密状态)		2.0	3.0
中砂、粗砂、砾砂和碎石土		3.0	4.4

承载力修正系数   表 6-11

注：1. 强风化和全风化的岩石，可参照所风化的相应土类取值；其他状态下的岩石不修正；

    2. 地基承载力特征值按深层平板荷载试验确定时，η_d 取 0；

    3. 含水比是指土的天然含水量与液限的比值；

    4. 大面积压实填土是指填土范围大于 2 倍基础宽度的填土。

使用式（6-11）时应注意以下问题：

（1）持力层土的工程性质愈好，修正系数愈大。对于软弱土层不考虑宽度的修正，宽度修正系数为 0，而深度修正系数为 1 或接近 1，表明加大基础宽度和埋置深度对提高软土地基承载力都没有太大的作用。

（2）深宽修正公式使用时对基础宽度作了限制，基础宽度小于 3m 时按 3m 考虑，即基础宽度小于 3m 时承载力不折减，直接采用载荷试验或查表的结果；基础宽度大于 6m 时按 6m 考虑是为了防止承载力提高得过大，特别是对于宽度修正系数很大的土类。

（3）对于基础的埋置深度 d，在一般情况下从室外地面标高算起，但有特殊条件时应当加以注意，防止出现承载力值偏高的情况。

【例 6-2】 已知某工程地质资料：第一层为人工填土，天然重度 $\gamma_1=17.5\text{kN/m}^3$，厚度 $h_1=0.8\text{m}$；第二层为耕植土，天然重度 $\gamma_2=16.8\text{kN/m}^3$，厚度 $h_2=1.0\text{m}$；第三层为黏性土，天然重度 $\gamma_3=19\text{kN/m}^3$，孔隙比 $e=0.75$，天然含水量 $w=26.2\%$，塑限 $w_P=23.2\%$，液限 $w_L=35.2\%$，厚度 $h_3=6.0\text{m}$；基础底宽 $b=3.2\text{m}$，埋深 $d=1.8\text{m}$，以第三层土为持力层，其承载力特征值 $f_{ak}=210\text{kPa}$。计算修正后的地基承载力特征值 f_a。

【解】 塑性指数：

$$I_P=w_L-w_P=35.2-23.2=12.0$$

液性指数：

$$I_L=\frac{w-w_P}{w_L-w_P}=\frac{26.2-23.2}{12}=0.25$$

查表得：$\eta_b=0.3$，$\eta_d=1.6$

基底以上土的加权平均重度：

$$\gamma_m=\frac{\gamma_1 h_1+\gamma_2 h_2}{h_1+h_2}=\frac{17.5\times 0.8+16.8\times 1}{0.8+1}=17.1\text{kN/m}^3$$

修正后的地基承载力特征值：

$$f_a = f_{ak} + \eta_b \gamma (b-3) + \eta_d \gamma_m (d-0.5)$$
$$= 210 + 0.3 \times 19 \times (3.2-3) + 1.6 \times 17.1 \times (1.8-0.5)$$
$$= 246.7 \text{kPa}$$

6.6 基础底面积的确定

地基基础设计首先必须保证在荷载作用下的地基对土体产生剪切破坏而失效方面，应具有足够的安全度。为此，建筑物浅基础的地基承载力验算均应满足下列要求：

6.6.1 持力层的承载力验算

1. 当轴心荷载作用时

$$p_k \leqslant f_a \tag{6-12}$$

式中　p_k——相应于荷载效应标准组合时，基础底面处的平均压力值；

f_a——修正后的地基承载力特征值。

基础底面的压力（图 6-22），可按下列公式确定：

$$p_k = \frac{F_k + G_k}{A} \tag{6-13}$$

式中　F_k——相应于荷载效应标准组合时，上部结构传至基础顶面的竖向力值；

G_k——基础自重和基础上的土重；

A——基础底面面积。

$$p_k = \frac{F_k + \gamma_G A}{A} \leqslant f_a \tag{6-14}$$

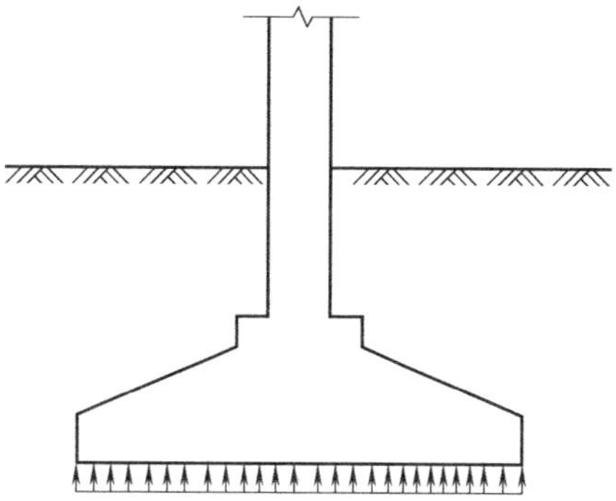

图 6-22　轴心荷载作用下基底压力示意图

初步估算时，可假定基础与土的平均重度为 19.6kN/m^3（工程计算中，常取为 20kN/m^3），即 $G = \gamma_G d A$。在实际计算时 G 为基础自重的设计值和基础上土重的标准值，地下水位以下部分均用浮重度计算。

条形基础：
$$b \geqslant \frac{F_k}{f_a - \gamma_G d} \tag{6-15}$$

方形基础：
$$b \geqslant \sqrt{\frac{F_k}{f_a - \gamma_G d}} \tag{6-16}$$

矩形基础：
$$A \geqslant \frac{F_k}{f_a - \gamma_G d} \tag{6-17}$$

2. 当偏心荷载作用时

偏心荷载作用下，基础底面的尺寸一般用逐次渐近法进行计算。计算步骤如下：

（1）先不考虑偏心，用条形基础或矩形基础公式计算出基础的底面积 A_1（对于单独基础）或基础宽度 b_1（对于条形基础）。

（2）根据偏心大小，把底面积 A_1（或 b_1）提高 $10\% \sim 40\%$，作为偏心荷载作用下基础底面积（或宽度）的第一次近似值，即：

$$A = (1.1 \sim 1.4) A_1 \tag{6-18}$$

（3）按假定的基础底面积 A，用下式计算基底的最大和最小的边缘压力。

$$\frac{p_{kmax}}{p_{kmin}} = \frac{F_k + G_k}{A} \pm \frac{M_k}{W} \qquad (6\text{-}19)$$

$$\frac{p_{kmax}}{p_{kmin}} = \frac{F_k + G_k}{A} \left(1 \pm \frac{6e}{b}\right) \qquad (6\text{-}20)$$

式中，e 为基础的合力偏心距；M_k 为标准组合时基础底面的合力矩；W 为基础底面的抵抗矩。

（4）验算地基承载力

$$p_{kmax} \leqslant 1.2 f_a \qquad (6\text{-}21)$$

式中 p_{kmax}——相应于荷载效应标准组合时，基础底面边缘处的最大压力值；

f_a——修正后的地基承载力特征值。

基础底面的最大压力，可按下列公式确定：

$$p_{kmax} = \frac{F_k + G_k}{A} + \frac{M_k}{W} \qquad (6\text{-}22)$$

式中 M_k——相应于荷载效应标准组合时，作用于基础底面的力矩；

W——基础底面的抵抗力矩。

如不满足要求，或应力过小，地基承载力未能充分发挥，应调整基础尺寸，直到既满足要求又能发挥地基承载力为止。

地基承载力特征值可由载荷试验或其他原位测试、公式计算并结合工程实践经验等方法综合确定。当基础宽度大于 3m 或埋置深度大于 0.5m 时，由载荷试验或原位测试、经验值等方法确定地基承载力特征值。由于以上公式中的 p_k、p_{kmax} 和 f_a 都与基底尺寸有关，所以只有预选尺寸并通过反复试算修改尺寸才能得到满意的结果。

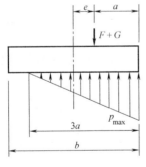

图 6-23 偏心荷载作用下基底压力示意图

当偏心距 $e > b/6$ 时，$p_{min} < 0$，基础底面与地基土脱开。如图 6-23 所示，这种情况下，基底压力 p_{kmax} 可表示为：

$$p_{kmax} = \frac{2(F_k + G_k)}{3la} \qquad (6\text{-}23)$$

式中 l——垂直于力矩方向的基础底面边长，m；

a——合力作用点至基础底面最大压力边缘的距离，m。

p_{min}/p_{max} 值过小，表示基底压力分布很不均匀，容易引起过大的不均匀沉降，应尽量避免。对高层建筑的箱形和筏形基础，要求 $p_{min} > 0$。若考虑地震组合，则允许基础底面可以局部与地基土脱开，但零应力区的面积不应超过基础底面积的 25%，即 $3a \geqslant 0.75b$。

6.6.2 软弱下卧层的验算

持力层以下存在承载力明显低于持力层的土层，称为软弱下卧层。如果软弱下卧层埋藏不够深，扩散到下卧层的应力大于下卧层的承载力时，地基仍然有失效的可能，因此需要进行软弱下卧层的承载力验算。

当地基受力层范围内有软弱下卧层时（承载力显著低于持力层的高压缩性土层），按持力层土的承载力计算得出基础底面所需的尺寸后，还必须对软弱下卧层按式（6-24）验算（如图6-24 所示）。

$$p_z + p_{cz} \leqslant f_{az} \qquad (6\text{-}24)$$

式中　p_z——相应于荷载效应标准组合时，软弱下卧层顶面处的附加应力值；

　　　p_{cz}——软弱下卧层顶面处土的自重应力值；

　　　f_{az}——软弱下卧层顶面处经深度修正后的地基承载力特征值。

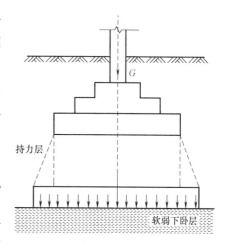

图 6-24　软弱下卧层承载力验算图

当持力层与下卧软弱土层的压缩模量比值大于或等于 3 时，对条形基础和矩形基础，p_z 值可按简化公式计算。

条形基础 $$p_z = \frac{b(p_k - \sigma_{c0})}{b + 2z\tan\theta} \qquad (6\text{-}25)$$

矩形基础 $$p_z = \frac{lb(p_k - \sigma_{c0})}{(l + 2z\tan\theta)(b + 2z\tan\theta)} \qquad (6\text{-}26)$$

式中　b——矩形基础或条形基础底面的宽度，m；

　　　l——矩形基础底面的长度，m；

　　　p_k——基础底面压力，kPa；

　　　σ_{c0}——基础底面处土的自重压力，kPa；

　　　z——基础底面与软弱下卧层顶面的距离，m；

　　　θ——地基压力扩散角，查表 6-12 得。

按双层地基中的应力分布的概念，若地基中有坚硬的下卧层，则地基中的应力分布，较之均匀地基将向荷载轴线方向集中；相反，若地基内有软弱的下卧层时，较之均匀地基，应力分布将向四周扩散。也就是说持力层与下卧层的模量比 E_{s1}/E_{s2} 越大，应力将越扩散，故 θ 值越大。另外按均匀弹性体应力扩散的规律，荷载的扩散程度，随深度的增加而增加。表 6-12 的扩散角 θ 大小就是根据这种规律确定的。

地基压力扩散角 θ　　　　　　　　表 6-12

E_{s1}/E_{s2}	z/b	
	0.25	0.50
3	6°	23°
5	10°	25°
10	20°	30°

注：1. E_{s1} 为上层土压缩模量，E_{s2} 为下层土压缩模量；

　　2. $z/b < 0.25$ 时取 $\theta = 0°$，必要时，宜由试验确定；$z/b > 0.50$ 时 θ 值不变；

　　3. z/b 在 0.25 与 0.50 之间时可插值求得。

【例 6-3】　某柱下单独基础，荷载与地基情况如图 6-25 所示，试确定基础底面尺寸。

【解】　（1）选择持力层，如图 6-25 所示黏土层为持力层。

（2）求修正后的地基承载力特征值

假定 $b \leqslant 3\mathrm{m}$，则：

$$
\begin{aligned}
f_{\mathrm{a}} &= f_{\mathrm{ak}} + \eta_{\mathrm{b}}\gamma(b-3) + \eta_{\mathrm{d}}\gamma_{\mathrm{m}}(d-0.5) \\
&= 175 + 1.6 \times 16 \times (1.3 - 0.5) \\
&= 195.48\mathrm{kPa}
\end{aligned}
$$

（3）初步估算基底面积

首先按轴心受压估算 A_0

$$
A_0 = \frac{F_{\mathrm{k}}}{f_{\mathrm{a}} - \gamma_{\mathrm{G}}\overline{d}} = \frac{800}{195.48 - 20 \times 1.45} = 4.8\mathrm{m}^2
$$

考虑偏心影响，将 A_0 增大 18%，则 $A = 1.18A_0 = 1.18 \times 4.8 = 5.6\mathrm{m}^2$，取 $l/b = 2.0$ 得：$b = 1.7\mathrm{m}$，$l = 3.4\mathrm{m}$。

（4）验算地基承载力

$$
G_{\mathrm{k}} = \gamma_{\mathrm{G}}A\overline{d} = 20 \times 1.7 \times 3.4 \times 1.45 = 167.62\mathrm{kN}
$$

$$
\sum M = 200 + 15 \times 0.8 = 212\mathrm{kN \cdot m}
$$

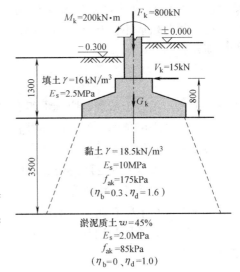

图 6-25　例 6-3 图

$$
e = \frac{\sum M}{\sum F} = \frac{212}{800 + 167.62} = 0.22\mathrm{m}
$$

$$
\begin{aligned}
p_{\mathrm{kmax}} \\
p_{\mathrm{kmin}}
\end{aligned}
= \frac{F_{\mathrm{k}} + G_{\mathrm{k}}}{A}\left(1 \pm \frac{6e}{l}\right) =
\begin{aligned}
232.4\mathrm{kPa} \\
102.5\mathrm{kPa}
\end{aligned}
$$

$$
p_{\mathrm{kmax}} = 232.4\mathrm{kPa} < 1.2f_{\mathrm{a}} = 234.6\mathrm{kPa}
$$

$$
p_{\mathrm{k}} = (p_{\mathrm{kmax}} + p_{\mathrm{kmin}})/2 = 167.5\mathrm{kPa} < f_{\mathrm{a}} = 195.48\mathrm{kPa}
$$

满足要求，故基底尺寸 $b = 1.7\mathrm{m}$，$l = 3.4\mathrm{m}$ 合适。

（5）软弱下卧层验算

下卧层地基承载力特征值修正：

下卧层埋深：$d + z = 3.5 + 1.3 = 4.8\mathrm{m}$

下卧层顶面上土的加权平均重度：

$$
\gamma_{\mathrm{mz}} = \frac{\gamma_1 d + \gamma_2 z}{d + z} = \frac{16 \times 1.3 + 18.5 \times 3.5}{1.3 + 3.5} = 17.82\mathrm{kN/m}^3
$$

$$
\begin{aligned}
f_{\mathrm{az}} &= f_{\mathrm{ak}} + \eta_{\mathrm{b}}\gamma(b-3) + \eta_{\mathrm{d}}\gamma_{\mathrm{m}}(d-0.5) \\
&= 85 + 1.0 \times 17.82 \times (4.8 - 0.5) \\
&= 161.6\mathrm{kPa}
\end{aligned}
$$

下卧层顶面处自重应力：

$$
\sigma_{\mathrm{cz}} = \gamma_{\mathrm{mz}}d_z = 17.82 \times 4.8 = 85.5\mathrm{kPa}
$$

确定压力扩散角：$E_{\mathrm{s1}}/E_{\mathrm{s2}} = 10/2 = 5$，$z/b = 2.06 > 0.5$，则 $\theta = 25°$

计算基底平均压力和土的自重压力：

$$
p_{\mathrm{k}} = (F_{\mathrm{k}} + G_{\mathrm{k}})/A = (800 + 167.62)/(3.4 \times 1.7) = 167.4\mathrm{kPa}
$$

$$
\sigma_{\mathrm{c}} = \gamma_1 d = 16 \times 1.3 = 20.8\mathrm{kPa}
$$

下卧层顶面处的附加应力：

$$\sigma_z = \frac{lb(p_k - \sigma_{c0})}{(l+2z\tan\theta)(b+2z\tan\theta)} = \frac{3.4 \times 1.7 \times (167.4-20.8)}{(3.4+2\times3.5\tan25°)(1.7+2\times3.5\tan25°)} = 58.1\text{kPa}$$

验算下卧层承载力：

$$\sigma_z + \sigma_{cz} = 58.1 + 85.5 = 143.6\text{kPa} < f_{az} = 161.6\text{kPa} \quad 满足要求。$$

6.7 无筋扩展基础设计

6.7.1 无筋扩展基础构造

无筋扩展基础系指由砖、毛石、混凝土或毛石混凝土、灰土和三合土等材料组成的，不需配置钢筋的墙下条形基础或柱下独立基础。其适用于多层民用建筑和轻型厂房。它具有以下特点：在受力方面，抗压性能好，但抗拉、抗剪能力差；在结构特点方面，优点是稳定性好，施工方便，能承受较大荷载，缺点是自重大，持力层应力小且厚。

1. 砖基础

（1）用途：多用于低层建筑的墙下基础；在寒冷而又潮湿的地区使用效果不理想。

（2）优点：可就地取材，建筑方便。

（3）缺点：强度低且抗冻性差。

（4）要求：砖强度等级≥MU10，砌筑砂浆强度≥M5。

（5）大放脚：砖基础剖面一般为阶梯形，通常称为大放脚，如图 6-26 所示。

2. 灰土基础

（1）材料：灰土是用熟化石灰和粉土或黏性土拌合而成，见图 6-27。

（2）特点：灰土基础造价低，可节省材料，多用于 5 层以下的民用建筑。

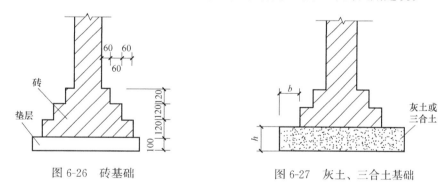

图 6-26 砖基础 　　　　　　　　图 6-27 灰土、三合土基础

3. 毛石基础

（1）要求：用强度等级大于等于 MU20 的毛石和强度大于等于 M5 的砂浆砌筑而成，如图 6-28 所示。

（2）优点：抗冻性比较好，在寒冷地区可用于 6 层以上的建筑。

4. 混凝土或毛石混凝土基础

（1）要求：其混凝土强度等级一般为 C15，常用于较大的墙柱基础，为了节约混凝土用量，可在混凝土内掺入 15%～25%（体积比）的毛石。

（2）优点：强度、耐久性和抗冻性均比较好，如图 6-29 所示。

图 6-28　毛石基础

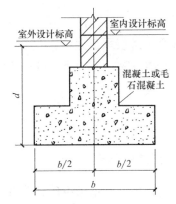

图 6-29　混凝土或毛石混凝土基础

6.7.2　无筋扩展基础高宽比设计

无筋扩展基础材料抗拉、抗剪强度低，而抗压性能相对较好。因此，在地基反力作用下，基础挑出部分如同悬臂梁一样向上弯曲。基础外伸悬臂长度越大，基础越容易因弯曲而拉裂。所以必须减少外伸梁的长度或增加基础高度，使基础宽高比减小而刚度增大。

材料及底面积确定后，只要限制宽高比 b_2/H_0（图 6-30）小于允许值要求，就可以保证基础不会因受弯、受剪而破坏。

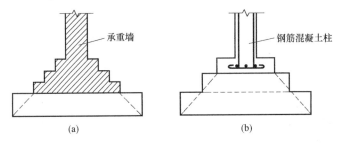

图 6-30　无筋扩展基础构造示意图

基础高度应满足下式要求：

$$H_0 \geqslant \frac{b-b_0}{2\tan\alpha} \tag{6-27}$$

式中　b——基础底面宽度（m）；

　　　b_0——基础顶面的墙体宽度或柱脚宽度（m）；

　　　H_0——基础高度（m）；

　　$\tan\alpha$——基础台阶宽高比 b_2/H_0，b_2 为基础台阶宽度（m），台阶宽高比允许值见表 6-3。

采用无筋基础的钢筋混凝土柱，其柱脚高度不得小于柱脚宽度，并不应小于 300mm 且不小于 20d（d 为柱中的纵向受力钢筋的最大直径）。当柱纵向钢筋在柱脚内的竖向锚固长度不满足锚固要求时，可沿水平方向弯折，弯折后的水平锚固长度应

$\geqslant 10d$且$\leqslant 20d$。

【例 6-4】 某办公楼外墙厚 360mm，上部结构荷载值 $F_k=88$kN/m，修正后的地基承载力特征值 $f_a=90$kPa。从室内设计地面算起，基础埋深 1.55m，室外地面低于室内地面 0.45m，拟采用灰土基础，试设计该外墙基础的几何尺寸，见图 6-31。

【解】 （1）求基础宽 b

$$b \geqslant \frac{F_k}{f_a-\gamma_G \bar{d}} = \frac{88}{90-20 \times \left(1.55-\frac{0.45}{2}\right)} = 1.38\text{m}，取 } b=1.40\text{m}$$

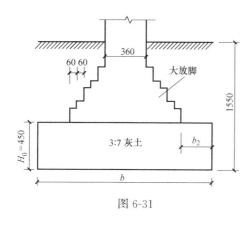

图 6-31

（2）求墙基大放脚下灰土基础允许悬挑长度

按表 6-3，$F_k=88$kPa，$b_2/H_0=1/1.25$，设基础为两步灰土基础（即分两次铺土，每次夯实至 150mm 厚），即厚度 300mm，得 $b_2=300/1.25=240$mm。

（3）求大放脚台阶级数：采用两皮一收（砌两层砖后，其上的一层砖往内收）及一皮一收（砌一层砖往内收一层）相间做法，每收一次，两侧各收 1/4 砖长，则台阶数为：$n \geqslant \left(\frac{b}{2}-\frac{a}{2}-b_2\right) \times \frac{1}{60} = 4.67$，取 $n=5$，即 5 级台阶。

6.8 扩展基础构造

扩展基础系指柱下钢筋混凝土独立基础和墙下钢筋混凝土条形基础。这类基础抗弯、抗剪强度都很高，耐久性和抗冻性都很好。特别适用于荷载大，土质较软弱，并且需要基底面积较大而又必须浅埋的情况。

1. 墙下钢筋混凝土条形基础

（1）这是承重墙下基础的主要形式，当上部结构荷载较大而地基土软弱时采用。

（2）结构特点：一般做成无肋式，如图 6-32（a）所示。如果地基土质分布不均，在水平方向压缩性差异较大，为了减小基础的不均匀沉降，增加基础的整体性，可做

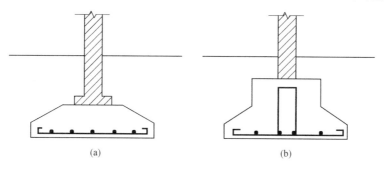

(a)　　　　　　　　(b)

图 6-32　墙下钢筋混凝土条形基础

（a）无肋式；（b）有肋式

有肋式的条形基础，如图 6-32（b）所示；其抗弯和抗剪性能良好，耐久性和抗冻性都较理想。

（3）当基础高度 $h>250mm$ 时，截面采用锥形，其边缘高度不宜小于 200mm，见图 6-33；当基础高度 $h\leqslant250mm$ 时，宜采用平板式。

（4）墙下钢筋混凝土条形基础纵向分布钢筋的直径不小于 8mm；间距不大于 300mm；每延米长分布钢筋的面积应不小于受力钢筋面积的 1/10。基础有垫层时，钢筋保护层不小于 40mm；无垫层时不小于 70mm。

（5）墙下钢筋混凝土条形基础的宽度大于等于 2.5m 时，底板受力钢筋的长度可取宽度的 0.9 倍，交错布置。

（6）墙下条形基础的受力钢筋在横向（基础宽度方向）布置，其直径为 8～16mm，纵向分布钢筋通常采用 6～8@250（300），如图 6-33 所示。

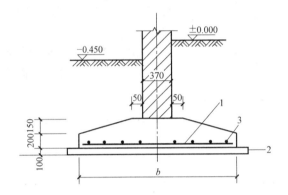

图 6-33　墙下钢筋混凝土条形基础构造
1—受力钢筋；2—C15 混凝土垫层；3—构造钢筋

2. 钢筋混凝土柱下独立基础（现浇）

柱下独立基础是柱基础中最常用和最经济的形式。一般现浇钢筋混凝土柱下宜用现浇钢筋混凝土基础，以符合柱与基础刚接的假定，其可以为阶梯形或锥形（图 6-34），阶梯形施工方便，锥形节省混凝土材料。

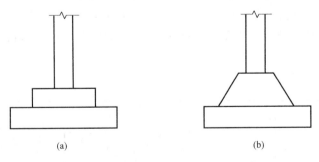

图 6-34　钢筋混凝土柱下独立基础
（a）阶梯形；（b）锥形

（1）阶梯形基础的每阶高度宜为 300～500mm。当基础高度 $h\leqslant500mm$ 时，宜用一阶；当 $500mm<h\leqslant900mm$ 时，宜用两阶台阶；当 $h>900$ 时，宜用三阶。阶梯形基础尺寸一般采用50mm的倍数。由于阶梯形基础的施工质量容易保证，宜优先采用。

（2）锥形基础的边缘高度不宜小于200mm；顶部做成平台，每边从柱边缘放出不少于50mm，以便于柱支模。

（3）底板受力钢筋最小直径不宜小于10mm；间距不宜大于200mm，也不宜小于100mm。基础垫层的厚度不宜小于70mm；垫层混凝土强度等级为C15。当有垫层时钢筋保护层厚度不小于40mm；无垫层时不小于70mm。

（4）基础混凝土强度等级不应低于C20。

（5）当柱下钢筋混凝土独立基础的边长大于等于2.5m时，底板受力钢筋的长度可取边长或宽度的0.9倍，并宜交错布置，如图6-35所示。

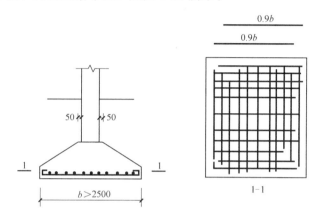

图6-35 柱基底板受力钢筋布置

（6）钢筋混凝土柱在基础内的锚固长度应根据钢筋在基础内的最小保护层厚度按规范确定。

有抗震要求时，纵向钢筋最小锚固长度应按下式计算：

一、二级抗震等级 $\qquad l_{aE}=1.15l_a \qquad$ (6-28)

三级抗震等级 $\qquad l_{aE}=1.05l_a \qquad$ (6-29)

四级抗震等级 $\qquad l_{aE}=l_a \qquad$ (6-30)

（7）现浇柱的插筋下端宜呈直钩落在基础底板钢筋上（图6-36），其数量、直径以及钢筋种类应与柱内相同。当符合下列条件之一：当柱为轴心受压或小偏心受压，基础高度 $h \geqslant 1200$mm 时或当柱为大偏心受压，基础高度 $h \geqslant 1400$mm 时，可以仅将四角的插筋伸至底板钢筋上，其余插筋锚固在基础顶面下的长度参见前述的锚固长度。

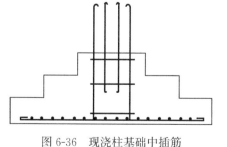

图6-36 现浇柱基础中插筋

3. 钢筋混凝土柱下独立基础（预制）

预制柱与杯形基础的连接（图6-37）应符合下列要求：

（1）柱插入杯口深度，可按表6-13选用，并应满足钢筋锚固长度要求及吊装时柱的稳定性。

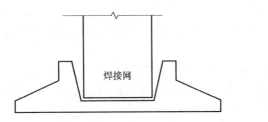

图 6-37 预制钢筋混凝土柱独立基础示意

（2）基础的杯底厚度和杯壁厚度，按表 6-14 选用。

（3）当柱为轴心受压或小偏心受压且 $t/h_2 \geq 0.65$ 时，杯壁可不配筋；当柱为轴心受压且 $t/h_2 \geq 0.75$ 时，杯壁可不配筋；当柱为轴心受压或小偏心受压且 $0.5 \leq t/h_2 < 0.65$ 时，杯壁可按表 6-15 构造配筋；其他情况，应按计算配筋。

柱的插入深度 h_1（mm） 表 6-13

矩形或工字形柱				双肢柱
$h<500$	$500 \leq h<800$	$800 \leq h<1000$	$h>1000$	$(1/3 \sim 2/3)h_a$
$(1 \sim 1.2)h$	h	$0.9h$ 且 ≥ 800	$0.8h$ 且 ≥ 1000	$(1.5 \sim 1.8)h_b$

注：1. h 为柱截面长边尺寸；h_a 为双肢柱全截面长边尺寸；h_b 为双肢柱全截面短边尺寸；

2. 柱轴心受压或小偏心受压时，h_1 可适当减小，偏心距大于 $2h$ 时，h_1 应适当加大。

基础的杯底厚度和杯壁厚度 表 6-14

柱长边 h（mm）	杯底厚度 a_1（mm）	杯壁厚度 t（mm）	柱长边 h（mm）	杯底厚度 a_1（mm）	杯壁厚度 t（mm）
$h<500$	≥ 150	$150 \sim 200$	$1000 \leq h<1500$	≥ 250	≥ 350
$500 \leq h<800$	≥ 200	≥ 200	$1500 \leq h<2000$	≥ 300	≥ 400
$800 \leq h<1000$	≥ 200	≥ 300			

注：1. 双肢柱的杯底厚度值可适当加大；

2. 当有基础梁时，基础梁下的杯壁厚度应满足其支承宽度的要求；

3. 柱子插入杯口部分的表面应凿毛，柱子与杯口之间的空隙，应用比基础混凝土强度等级高一级的细石混凝土充填密实，当达到材料设计强度的 70% 以上时，方能进行上部吊装。

杯壁构造配筋 表 6-15

柱截面长边尺寸（mm）	$h<1000$	$1000 \leq h<1500$	$1500 \leq h<2000$
钢筋直径（mm）	$8 \sim 10$	$10 \sim 12$	$12 \sim 16$

注：表中钢筋置于杯口顶部，每边两根。

（4）双杯口基础用于厂房伸缩缝处的双柱下，或者考虑厂房扩建而设置的预留杯口情况。

（5）高杯口基础。高杯口基础是带有短柱的杯形基础，其构造如图 6-38 所示。一般用于上层土较软或有空穴、井等不宜作持力层以及必须将基础深埋的情况。

高杯口基础的插入深度应符合杯形基础的要求；杯壁厚度应符合表 6-16 的规定和有关要求。

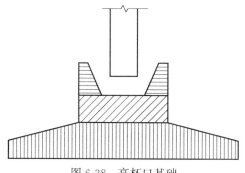

图 6-38　高杯口基础

高杯口基础的杯壁厚度 t　　　　表 6-16

h(mm)	t(mm)	h(mm)	t(mm)	h(mm)	t(mm)	h(mm)	t(mm)
600<h≤800	≥250	800<h≤1000	≥300	1000<h≤1400	≥350	1400<h≤1600	≥400

4. 联合基础

联合基础主要指同列相邻两柱公共的钢筋混凝土基础，即双柱联合基础。在为相邻两柱分别配置独立基础时，常因其中一柱靠近建筑界限，或因两柱间距较小，而出现基底面积不足或者荷载偏心过大等的情况，此时可考虑采用联合基础。联合基础也可用于调整相邻两柱的沉降差或防止两者之间的相向倾斜等情况。

6.9　减轻建筑物不均匀沉降危害的措施

地基不均匀或上部结构荷载差异较大等原因，都会使建筑物产生不均匀沉降。当不均匀沉降超过容许限度时，将会使建筑物开裂和损坏。因此，应采取必要的技术措施，避免或减轻不均匀沉降危害。由于建筑物上部结构、基础和地基是相互影响和共同工作的，因此在设计工作中应尽可能采取综合技术措施。

6.9.1　建筑设计措施

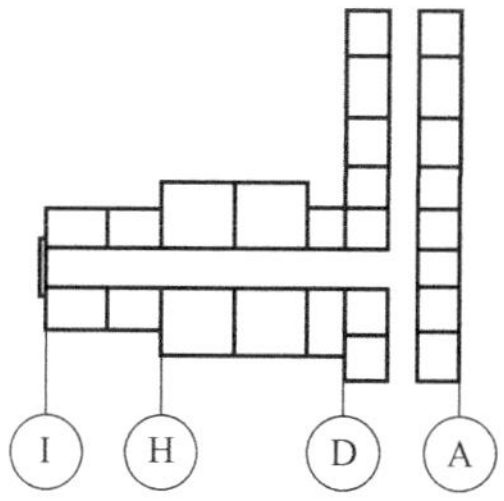

1. 建筑物体型应力求简单

建筑物的体型设计时应避免平面形状复杂和立面高差悬殊。平面形状复杂的建筑物，在其纵横交接处，因地基中附加

图 6-39　某"L"形建筑物

应力的叠加将会造成较大的沉降，引起墙体产生裂缝。当立面高差悬殊时，会使作用在地基上的荷载差异大，易引起较大的沉降差，使建筑物倾斜和开裂。建筑物体型包括其平面与立面形状及尺度。平面形状复杂的建筑物，如"L"、"丄"、"一"、"F"、"工"字形等（图 6-39），在纵横单元交接处的基础密集，地基中附加应力相互重叠，导致该部分的沉降往往大于其他部位。

2. 控制建筑物的长高比

建筑物的长高比是决定结构整体刚度的主要因素。过长的建筑物，纵墙将会因较大挠曲出现开裂。一般认为，砖承重房屋的长高比不宜大于 2.5，最大不超过 3.0。

3. 合理布置纵横墙

地基不均匀沉降最易产生纵向挠曲，因此要避免纵墙开洞、转折、中断而削弱纵墙刚度；同时应使纵墙尽可能与横墙连接，缩小横墙间距，以增加房屋整体刚度，提高调整不均匀沉降的能力（图6-40、图6-41）。

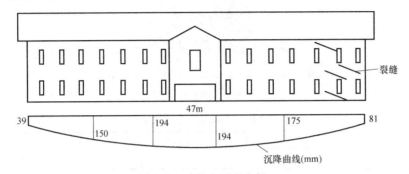

图6-40　建筑物开裂实例一

注：纵墙的长高比达7.6的过长建筑物。

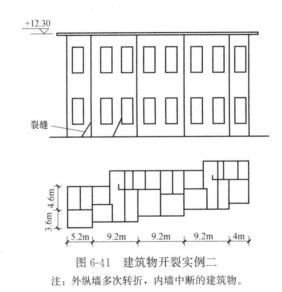

图6-41　建筑物开裂实例二

注：外纵墙多次转折，内墙中断的建筑物。

4. 合理安排相邻建筑物之间的距离

邻近建筑物或地面堆载的作用会使建筑物地基的附加应力增加而产生附加沉降，从而使建筑物产生开裂或倾斜。为了减少相邻建筑物的影响，应使相邻建筑保持一定的间隔。

5. 设置沉降缝

用沉降缝可将建筑物分割成若干独立的沉降单元。这些独立的单元体体型简单，长高比小，荷载变化小，地基相对均匀，因此可有效地避免不均匀沉降带来的危害。沉降缝的位置应选择在下列部位上：

（1）建筑平面转折处；

（2）建筑物高度或荷载差异处；

（3）过长的砖石承重结构或钢筋混凝土框架结构的适当部位；

（4）建筑结构或基础类型不同处；

（5）地基土的压缩性有显著差异或地基基础处理方法不同处；

（6）分期建造房屋交界处；

（7）拟设置伸缩缝处。

沉降缝应从屋顶到基础把建筑物完全分开，缝内不填塞材料，缝宽以不影响相邻单元的沉降为准（图6-42）。

为了方便处理建筑立面，沉降缝通常与伸缩缝及抗震缝结合起来设置。

6. 控制与调整建筑物各部分标高

根据建筑物各部分可能产生的不均匀沉降，采取一些技术措施，控制与调整各部分标高，减轻不均匀沉降对建筑物的影响：

（1）适当提高室内地坪和地下设施的标高；

（2）对结构或设备之间的连接部分，适当将沉降大者的标高提高；

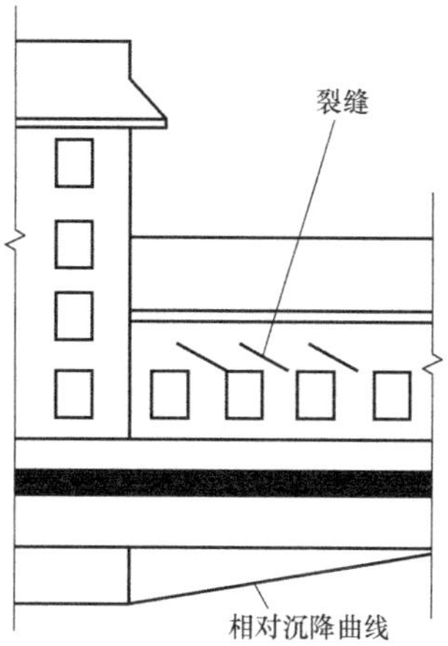

（3）在结构物与设备之间预留足够的净空；

（4）有管道穿过建筑物时，预留足够尺寸的孔洞或采用柔性管道接头。

图 6-42　建筑物高差太大而开裂

6.9.2　结构措施

1. 减轻建筑物的自重

在软土地基上建造建筑物时，应尽量减小建筑物自重。

（1）采用轻质材料或构件，如加气砖、多孔砖、空心楼板、轻质隔墙等。

（2）采用轻型结构，例如预应力钢筋混凝土结构、轻型钢结构、轻型空间结构（如悬索结构、充气结构等）。

（3）采用自重轻、覆土少的基础形式，例如空心基础、壳体基础、浅埋基础等。

2. 减小或调整基底的附加压力

设置地下室或半地下室，利用挖除的土重去补偿一部分，甚至全部建筑物的重量，有效地减少基底的附加压力，达到减小沉降的目的。此外，也可通过调整建筑与设备荷载的部位以及改变基底的尺寸，来达到调整基底压力、控制不均匀沉降的目的。

3. 增强基础刚度

在软弱和不均匀的地基上采用整体刚度较大的交叉梁、筏形和箱形基础，提高基础的抗变形能力，以调整不均匀沉降。

4. 采用对不均匀沉降不敏感的结构

采用铰接排架、三角拱等结构，以便地基发生不均匀沉降时不会引起过大的结构附加应力，从而避免结构产生开裂等危害。

5. 设置圈梁

设置圈梁可增强砖石承重墙房屋的整体性，提高墙体的抗挠曲、抗拉、抗剪的能力，是防止墙体裂缝产生与发展的有效措施，在地震区还会起到抗震作用。

圈梁在平面上应成闭合系统，贯通外墙、承重内纵墙和内横墙，以增强建筑物整体性。圈梁一般是现浇的钢筋混凝土梁。

6.9.3 施工措施

对于灵敏度较高的软黏土，在施工时应注意不要破坏其原状结构。在浇筑基础前须保留约20cm覆盖土层，待浇筑基础时再清除。若地基土已受到扰动，应注意清除扰动上层，并铺上一层粗砂或碎石，经压实后再在砂或碎石垫层上浇筑混凝土。

当建筑物各部分高低差别较大或荷载大小悬殊时，应按照先高后低、先重后轻的原则安排施工，必要时还要在重的建筑物竣工之后间歇一段时间再建轻的建筑物，这样可达到减少部分沉降差的目的。

此外，在施工时，还需注意井点排水、施工堆载等可能对邻近建筑造成的附加沉降。

6.9.4 地基基础措施

1. 采用刚度较大的浅基础；
2. 采用桩基础或其他深基础；
3. 对不良地基进行处理。

本 章 小 结

1. 浅基础的设计原则、方法和内容。

2. 浅基础的类型以及基础埋置深度的选择。

3. 地基承载力的确定方法，包括：按现场载荷试验或其他原位试验确定地基承载力；按地基土的强度理论确定地基承载力；按经验方法确定地基承载力。

4. 基础底面积的确定及地基承载力验算。

5. 无筋扩展基础设计，包括无筋扩展基础的构造和宽高比设计。

6. 扩展基础构造。

7. 减轻建筑物不均匀沉降危害的措施，包括：建筑设计措施、结构措施、施工措施和地基基础措施。

思考题与练习题

1. 按受力性能分类，浅基础包括哪几种？

2. 确定基础埋深时，应考虑哪几方面因素？

3. 什么情况下应对地基进行变形验算？

4. 简述刚性基础的特点及适用条件。

5. 基础工程设计的基本原则是什么？

6. 天然地基上的浅基础设计内容及步骤是什么？

7. 确定地基承载力的常用方法有哪几种？

8. 如何根据静载荷试验成果确定地基承载力特征值？

9. 底面尺寸为 $3.5m \times 2.5m$ 的独立基础埋深 2m，基底以上为黏性土，相应的指标为：$e = 0.6$，$I_L = 0.4$，$\gamma = 17kN/m^3$，基底以下为中砂，相应的指标为：$\gamma = 18kN/m^3$，$f_{ak} = 250kPa$，试计算地基的承载力。

10. 独立基础埋深 1.5m，持力层 $f_a = 300\text{kPa}$，所受竖向中心荷载（地面处）为 900kN，若基础的长度为 2m，试计算为满足地基承载力要求的基础最小宽度。

11. 题 9 中的地基及基础，若基底压力 $P_k = 200\text{kPa}$，软弱下卧层顶面距基底 2.0m，扩散角 $\theta = 25°$，试进行下卧层承载力验算，计算 P_z 值。

12. 扩展基础的底面尺寸为 2.8m×2.8m，柱的截面尺寸为 0.5m×0.5m，如果作用于地面处的中心荷载为 1000kN，基础的有效高度为 0.565m，混凝土的抗拉强度为 1100kPa，抗冲切破坏的验算公式为 "$F_1 \leqslant 0.7\beta_{hp} f_t a_m h_0$"（取 $\beta_{hp} = 1.0$），计算不等式右边的值。

第7章 桩基础

【教学目标】 了解桩的类型及其适用条件；熟悉桩基设计原则、单桩竖向载荷传递的特点和承台设计的基本内容；掌握桩基竖向承载力计算。

7.1 桩基的分类

7.1.1 按承载力情况分类

1. 摩擦桩

当软弱土层很厚时，桩只需要打入一定的深度，上部结构荷重主要由桩侧摩擦阻力承受，这样的桩称为摩擦桩，如图7-1（a）所示。

2. 端承桩

桩穿过软弱土层，打入深层坚实土或岩石上，桩的上部荷载主要由桩端阻力承受，这样的桩称为端承桩，如图7-1（b）所示。

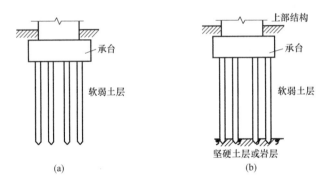

图 7-1 桩基础示意图

（a）摩擦桩；（b）端承桩

7.1.2 按桩身材料分类

1. 木桩

木桩适用于常年在地下水位以下的地基，常用杉木、松木和橡木等耐久坚韧的木材。木桩承载力低，易腐烂，只用于盛产木材的地区和小型工程中。

2. 混凝土桩

在现场钻孔至所需深度，随即在孔内浇灌混凝土，经振动捣实后就成为混凝土桩，其直径一般为 300~500mm，桩长度小于 25m。

3. 钢筋混凝土桩

一般采用预制桩，当桩的直径较大时可做成空心圆柱形截面桩。

钢筋混凝土桩的优点是承载力大，不受地下水位的限制，但需要复杂的打桩设备及对预制桩接长。

4. 钢桩

钢桩采用各种型钢制作，如钢管、H 型钢等。钢桩承载力高，适用于重型的设备基础，但价格高，易锈蚀。

7.1.3 按桩的使用功能分类

1. 竖向抗压桩，主要承受竖向荷载。
2. 竖向抗拔桩，承受竖向上拔的荷载。
3. 水平受荷桩，主要承受水平荷载。
4. 复合受力桩，同时承受竖向、水平荷载。

7.1.4 按成桩方式分类

1. 非挤土桩

如钻（冲或挖）孔灌注桩及先钻孔后再打入的预制桩等。

2. 部分挤土桩

如长螺旋压灌灌注桩，冲击成孔灌注桩，预钻孔打入式预制桩，开口钢管桩等。

3. 挤土桩

如实心的预制桩、下端封闭的管桩、木桩以及沉管灌注桩。

7.1.5 按桩径大小和施工方法分类

1. 大、中、小桩

小桩直径小于等于 250mm，用于基础加固和复合桩基础；中桩直径大于 250mm 小于 800mm，用于工业与民用建筑基础，应用广泛；大桩直径大于等于 800mm，用于高层和重要建筑物基础。

2. 灌注桩

（1）沉管灌注桩：将带有活瓣桩尖或预制混凝土桩尖的钢管沉入（锤击或静压）土中，向管中灌注混凝土，以边振动边拔管成桩的质量较好，如图 7-2 所示。

（2）钻孔灌注桩：利用各种钻孔机具钻孔，清除孔内泥土，再向孔内灌注混凝土。

（3）冲孔灌注桩：用冲击钻头成孔，灌注混凝土成桩。冲击成孔一般用泥浆护壁。

（4）钻孔压浆成桩：先用长螺旋钻至设计深度，打开在钻头下特制的喷嘴阀门，使高压水泥浆从孔底喷出，把长螺旋钻头带土由孔底顶出至无塌孔危险的高程，起钻后放置钢筋笼，投放粗骨料，然后向孔中补浆，直至浆液达到孔口为止。

3. 扩底桩

用钻机钻孔后，再通过钻杆底部装置的扩力，将孔底再扩大。钻杆旋转时逐渐撑开扩大，其扩大角使孔底扩大后可提高桩的承载力，此种桩用于地下水位以上的坚硬、硬塑的黏性土及中密以上的砂土地基。

4. 预制桩

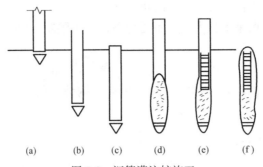

图 7-2　沉管灌注桩施工

（a）就位；（b）沉管；（c）灌注混凝土；（d）振动拔管；（e）放钢筋笼；（f）成形

预制桩是指预先制成桩，利用打桩设备打入地基的各种桩，包括钢筋混凝土桩、钢桩和木桩。

5. 嵌岩桩

当地表下不深处有基岩时可采用嵌岩桩，大口径嵌岩桩要求桩的周边实际嵌入岩体深度大于 0.5m。

6. 爆扩灌注桩

用钻机成孔或用炸药爆炸成孔，在孔底再放炸药爆炸扩孔，扩大桩头直径为桩身直径的 2.5～3.5 倍，在孔内灌注混凝土成桩，其适用于地下水位以上能爆扩成形的黏性软土。

7.2　桩的设计内容和设计原则

7.2.1　设计内容

1. 选择桩的类型和几何尺寸；
2. 确定单桩竖向（和水平向）承载力特征值；
3. 确定桩的数量、间距和布桩方式；
4. 验算桩基的承载力和沉降；
5. 桩身结构设计及承台设计；
6. 绘制桩基施工图。

7.2.2　桩基设计原则

1. 一般设计原则

桩的设计按行业标准《建筑桩基技术规范》JGJ 94—2008 规定执行。

（1）桩基极限状态

① 承载力极限状态，对应桩基达到最大承载能力或整体失稳发生不容许的变形。

② 正常使用极限状态，对应于桩基达到建筑物正常使用所规定的变形限制及耐久性要求的限制。

（2）承载能力极限状态的计算

① 进行桩基的竖向承载力和水平承载力计算；对群桩基础应考虑由桩群、土、承台相互作用产生的承载力群桩效应。

② 对桩身及承台强度进行计算。

③ 当桩端平面以下有软弱下卧层时，应验算下卧层承载力。

④ 对于坡地、岸边的桩基应验算整体稳定性。

⑤ 按规范规定对桩基进行抗震验算，按承载能力极限状态计算应采用荷载效应的基本组合和地震验算作用效应组合。

（3）正常使用极限状态的验算

① 对桩端持力层为软弱土的一、二级建筑桩基应验算沉降，并考虑上部结构与基础的共同作用。

② 受水平荷载较大及对水平变位要求严格的一级建筑桩基应验算水平变位。

③ 对使用不允许混凝土出现裂缝的桩基进行抗裂验算，必要时进行裂缝宽度验算。

使用极限状态验算桩基沉降时应采用荷载的长期效应组合。

2. 特殊土地基的桩基设计原则

对软土地区、湿陷性黄土地区、季节性冻土地区、膨胀土地区、岩溶地区、坡地岸边、抗震设防区的桩基设计原则见《建筑桩基技术规范》JGJ 94—2008 有关规定。

7.3 单桩竖向极限承载力的确定

7.3.1 根据桩身材料强度确定

通常情况下，土对低承台桩下的单桩有约束作用，在竖向力的作用下，桩一般不会发生压屈失稳。因此，由材料强度确定单桩竖向承载力时，可将桩视为轴心受压杆件。根据国家标准《建筑地基基础设计规范》GB 50007—2011 的规定，桩身强度应符合下式要求：

$$Q \leqslant A_{ps} f_c \psi_c \tag{7-1}$$

式中　Q——荷载效应基本组合下的单桩顶竖向力设计值；

　　ψ_c——工作条件系数，预制桩取 0.75；灌注桩取 0.6～0.7（水下灌注桩或长桩用低值）；

　　f_c——混凝土轴心抗压强度设计值；

　　A_{ps}——桩身横截面面积。

预应力混凝土桩：

$$Q \leqslant (0.60 \sim 0.75) A_p f_c - 0.34 A_p \sigma_{pc} \tag{7-2}$$

式中　σ_{pc}——桩身截面混凝土有效附加应力；

　　A_p——桩端面积。

注：对于高承台桩基、桩身穿越可液化土或不排水抗剪强度小于 10kPa 的软弱土层的桩基，应考虑压屈影响，可按以上两公式计算所得桩身正截面受压承载力乘以稳定系数折减，具体参见《建筑桩基技术规范》JGJ 94—2008。

7.3.2 根据地基土的支承力确定

根据地基土对桩的支承力确定单桩的竖向承载力的方法有多种，如原位测试法、经验参数法、静力触探法、静力计算法、高应变动测法等。以下主要介绍前两种方法。

1. 原位测试法

（1）当根据单桥探头静力触探资料确定混凝土预制桩单桩竖向极限承载力标准值时，如无当地经验，可按下式计算：

$$Q_{uk} = Q_{sk} + Q_{pk} = u\sum q_{sik}l_i + \alpha p_{sk}A_p \qquad (7\text{-}3)$$

当 $p_{sk1} \leqslant p_{sk2}$ 时

$$p_{sk} = \frac{1}{2}(p_{sk1} + \beta p_{sk2}) \qquad (7\text{-}4)$$

当 $p_{sk1} > p_{sk2}$ 时

$$p_{sk} = p_{sk2} \qquad (7\text{-}5)$$

式中　Q_{sk}、Q_{pk}——分别为总极限侧阻力标准值和总极限端阻力标准值；

　　　　u——桩身周长；

　　　　q_{sik}——用静力学触探比贯入阻力估算的桩周第 i 层土的极限侧阻力，q_{sik} 值应结合土工试验资料，依据土的类别、埋藏深度、排列次序，按图 7-3 的折线取值；

　　　　l_i——桩周第 i 层土的厚度；

　　　　α——桩端阻力修正系数，可按表 7-1 取值；

　　　　p_{sk}——桩端附近的静力触探比贯入阻力标准值（平均值）；

　　　　A_p——桩端面积；

　　　　p_{sk1}——桩端全截面以上 8 倍桩径范围内的比贯入阻力平均值；

　　　　p_{sk2}——桩端全截面以下 4 倍桩径范围内的比贯入阻力平均值，如桩端持力层为密实的砂土层，其比贯入阻力平均值超过 20MPa 时，则需乘以表 7-2 中系数 C 予以折减后，再计算 p_{sk2} 及 p_{sk1}；

　　　　β——折减系数，按表 7-3 选用。

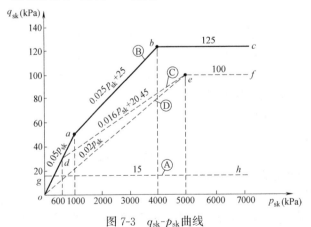

图 7-3　q_{sk}-p_{sk} 曲线

桩端阻力修正系数 α 值　　　　　　　　　　　　　　　　　　表 7-1

桩长 L(m)	$L \leqslant 15$	$15 < L \leqslant 30$	$30 < L \leqslant 60$
α	0.75	0.75～0.90	0.90

注：当 $15 < L \leqslant 30$ 时，α 值按 L 值直线内插；L 不包括桩尖高度。

p_{sk}	20~30	35	>40
C	5/6	2/3	1/2

注：可内插取值。

p_{sk2}/p_{sk1}	≤5	7.5	12.5	≥15
β	1	5/6	2/3	1/2

注：可内插取值。

p_{sk}/p_{sl}	≤5	7.5	≥10
η_s	1.00	0.50	0.33

注：可内插取值。

注意事项：① 图 7-3 中，直线Ⓐ（线段 gh）适用于地表下 6cm 范围内的土层；折线Ⓑ（线段 $oabc$）适用于粉土及砂土土层以上（或无粉土及砂土土层地区）的黏性土；折线Ⓒ（线段 $odef$）适用于粉土及砂土土层以下的黏性土；折线Ⓓ（线段 oef）适用于粉土、粉砂、细砂及中砂。

② p_{sk} 为桩端穿过的中密-密实砂土、粉土的比贯入阻力平均值；p_{sl} 为砂土、粉土的下卧软土层的比贯入阻力平均值。

③ 采用的单桥探头，圆锥底面积为 15cm²，底部带 7cm 高滑套，锥脚 60°。

④ 当桩端穿过粉土、粉砂、细砂及中砂层底面时，折线段估算的 q_{sik} 值需乘以表 7-4 中系数 η_s。

（2）当根据双桥探头静力触探资料确定混凝土预制桩单桩竖向极限承载力标准值时，对于黏性土、粉土和砂土，如无当地经验时可按下式计算：

$$Q_{uk}=Q_{sk}+Q_{pk}=u\sum l_i\beta_i f_{si}+\alpha q_c A_p \tag{7-6}$$

式中 f_{si}——第 i 层土的探头平均侧阻力（kPa）；

q_c——桩端平面上、下探头阻力，取桩端平面以下 $4d$（d 为桩的直径或边长）范围内按土层厚度的探头阻力取平均值（kPa），然后再和桩端平面以下 d 范围内的探头阻力进行平均；

α——桩端阻力修正系数，对于黏性土、粉土取 2/3，饱和砂土取 1/2；

β_i——第 i 层土桩侧阻力综合修正系数，黏性土、粉土：$\beta_i=10.04f_{si}^{-0.55}$；砂土：$\beta_i=5.05f_{si}^{-0.45}$。

注：双桥探头的圆锥底面积为 15cm²，锥角 60°，摩擦套筒高 21.85cm，侧面积 300cm²。

2. 经验参数法

根据土的物理指标与承载力参数之间的经验关系确定单桩竖向极限承载力标准值。

（1）预制桩和灌注桩单桩竖向极限承载力标准值估算

$$Q_{uk}=Q_{sk}+Q_{pk}=u\sum q_{sik}l_i+q_{pk}A_p \tag{7-7}$$

式中 q_{sik}——桩侧第 i 层土的极限侧阻力标准值，如无当地经验时，由表 7-5 确定；对预制桩按表 7-5 取值应乘以表 7-6 的修正系数；

q_{pk}——极限端阻力标准值，如无当地经验时，可按表 7-7 确定。

桩的极限侧阻力标准值 q_{sik}（kPa）　　　　　表 7-5

土的名称		土的状态	混凝土预制桩	泥浆护壁钻(冲)孔桩	干作业钻孔桩
填土		—	22～30	20～28	20～28
淤泥		—	14～20	12～18	12～18
淤泥质土		—	22～30	20～28	20～28
黏性土	流塑	$I_L>1$	24～40	21～38	21～38
	软塑	$0.75<I_L\leqslant1$	40～55	35～53	38～53
	可塑	$0.50<I_L\leqslant0.75$	55～70	53～68	53～66
	硬可塑	$0.25<I_L\leqslant0.50$	70～86	68～84	66～82
	硬塑	$0<I_L\leqslant0.25$	86～98	84～96	82～94
	坚硬	$I_L\leqslant0$	95～105	96～102	94～104
红黏土		$0.7<\alpha_w\leqslant1$	13～32	12～30	12～30
		$0.5<\alpha_w\leqslant0.7$	32～74	30～70	30～70
粉土	稍密	$e>0.9$	26～46	24～42	24～42
	中密	$0.75<e\leqslant0.9$	46～66	42～62	42～62
	密实	$e<0.75$	66～88	62～82	62～82
粉细砂	稍密	$10<N\leqslant15$	24～48	22～46	22～46
	中密	$15<N\leqslant30$	48～66	46～64	46～64
	密实	$N>30$	66～88	64～86	64～86
中砂	中密	$15<N\leqslant30$	54～74	53～72	53～72
	密实	$N>30$	74～95	72～94	72～94
粗砂	中密	$15<N\leqslant30$	74～95	74～95	76～98
	密实	$N>30$	95～116	95～116	98～120
砾砂	稍密	$5<N_{63.5}\leqslant15$	70～110	50～90	60～100
	中密、密实	$N_{63.5}>15$	116～138	116～130	112～130
圆砾、角砾	中密、密实	$N_{63.5}>10$	160～200	135～150	135～150
碎石、卵石	中密、密实	$N_{63.5}>10$	200～300	140～170	150～170
全风化软质岩	—	$30<N\leqslant50$	100～120	80～100	80～100
全风化硬质岩	—	$30<N\leqslant50$	140～160	120～140	120～150
强风化软质岩	—	$N_{63.5}>10$	160～240	140～200	140～220
强风化硬质岩	—	$N_{63.5}>10$	220～300	160～240	160～260

注：1. 对于尚未完成自重固结的填土和以生活垃圾为主的杂填土，不计算其侧阻力；

　　2. α_w 为含水比，$\alpha_w=w/w_L$，w 为土的天然含水量，w_L 为土的液限；

　　3. N 为标准贯入击数；$N_{63.5}$ 为重型圆锥动力触探击数；

　　4. 全风化、强风化软质岩和全风化、强风化硬质岩系指其母岩分别为 $f_{rk}\leqslant15MPa$、$f_{rk}>30MPa$ 的岩石。

预制桩极限侧阻力标准值 q_{sik} 修正系数　　　　　表 7-6

土层埋深 h(m)	$\leqslant5$	10	20	$\geqslant30$
修正系数	0.8	1.0	1.1	1.2

（2）对于大直径桩（$d\geqslant800mm$）根据土的物理指标与承载力参数之间的经验关系确

表 7-7

桩的极限端阻力标准值 q_{pk} (kPa)

土的名称	土的状态	混凝土预制桩桩长 L(m)				泥浆护壁钻（冲）孔桩桩长 L(m)				干作业钻孔桩桩长 L(m)		
		L≤9	9<L≤16	16<L≤30	L>30	5≤L<10	10≤L<15	15≤L<30	30≤L<45	5≤L<10	10≤L<15	L≥15
黏性土	软塑 0.75<I_L≤1	210~850	650~1400	1200~1800	1300~1900	150~250	250~300	300~450	300~450	200~400	400~700	700~950
	可塑 0.5<I_L≤0.75	850~1700	1400~2200	1900~2800	2300~3600	350~450	450~600	600~750	750~800	500~700	800~1100	1000~1600
	硬可塑 0.25<I_L≤0.5	1500~2300	2300~3300	2700~3600	3600~4400	800~900	900~1000	1000~1200	1200~1400	850~1100	1500~1700	1700~1900
	硬塑 0<I_L≤0.25	2500~3800	3800~5500	5500~6600	6000~6800	1100~1200	1200~1400	1400~1600	1600~1800	1600~1800	2200~2400	2600~2800
粉土	中密 0.75<e≤0.9	950~1700	1400~2100	1900~2700	2500~3400	300~500	500~650	650~750	750~850	800~1200	1200~1400	1400~1600
	密实 e<0.75	1500	2100~3000	2700~3600	3600~4400	650~900	750~950	900~1100	1100~1200	1200~1700	1400~1900	1600~2100
粉砂	稍密 10<N≤15	1000~1600	1500~2300	1900~2700	2100~3000	350~500	450~600	600~700	650~750	500~950	1300~1600	1500~1700
	中密、密实 N>15	1400~2200	2100~3000	3000~4500	3800~5500	600~750	750~900	900~1100	1100~1200	1200~1700	1400~1900	1600~2100
细砂	中密、密实 N>15	2500~4000	3600~5000	4400~6000	5300~7000	650~850	900~1200	1200~1500	1500~1800	1200~1600	2000~2400	2400~2700
中砂	中密、密实 N>15	4000~6000	5000~7000	6500~8000	7500~9000	850~1050	1100~1500	1500~1900	1900~2100	1800~2400	2800~3800	3600~4400
粗砂	中密、密实 N>15	5700~7500	7000~8500	8500~10000	9500~11000	1500~1800	2100~2400	2400~2600	2600~2800	2900~3600	4000~4600	4600~5200
砾砂	中密、密实 N>15	6000~9500	9000~10500			2000~3200				3500~5000		
角砾、圆砾	中密、密实 $N_{63.5}$>10	7000~10000	9500~11500			2200~3600				4000~5500		
碎石、卵石	中密、密实 $N_{63.5}$>10	8000~11000	10500~13000			3000~4000				4500~6500		
全风化软质岩	30<N≤50	4000~6000				1000~1600				1200~2000		
全风化硬质岩	30<N≤50	5000~8000				1200~2000				1400~2400		
强风化软质岩	$N_{63.5}$>10	6000~9000				1400~2200				1600~2600		
强风化硬质岩	$N_{63.5}$>10	7000~11000				1800~2800				2000~3000		

注：1. 砂土和碎石类土中桩的极限端阻力取值，宜综合考虑土的密实度，桩端进入持力层的深径比 h_b/d，土越密实，h_b/d 越大，取值越高；

2. 预制桩的岩石极限端阻力指桩端支撑于中、微风化基岩表面或进入微风化岩、软质岩一定深度条件下极限端阻力；软质岩、硬质岩指其母岩

3. 全风化、强风化软质岩和全风化、强风化硬质岩指其母岩分别为 f_{rk}≤15MPa、f_{rk}>30MPa 的岩石。

定单桩极限承载力标准（特征）值。

根据《建筑桩基技术规范》JGJ 94—2008 规定，可按下式计算：

$$Q_{uk} = Q_{sk} + Q_{pk} = u\sum\psi_{si}q_{sik}l_i + \psi_p q_{pk}A_p \tag{7-8}$$

式中　q_{sik}——桩侧第 i 层土极限侧阻力标准值，如无当地经验值时，可按表 7-5 采用，对于扩底桩变截面以上 $2d$ 长度范围不计侧阻力；

　　　　q_{pk}——桩径为 800mm 的极限端阻力标准值，对于干作业挖孔桩（清底干净）可采用深层荷载板试验，当不能进行深层荷载板试验时可按表 7-8 采用；

　　　　ψ_{si}、ψ_p——分别为大直径桩侧阻力、端阻力尺寸效应系数，见表 7-9；

　　　　u——桩身周长，当人工挖孔桩桩周护壁为振捣密实的混凝土时，桩身周长可按护壁外直径计算。

干作业挖孔桩（清底干净，D＝800mm）极限端阻力标准值 q_{pk}（kPa）　　表 7-8

土的名称		状　态		
黏性土		$0.25 < I_L \leqslant 0.75$	$0 < I_L \leqslant 0.25$	$I_L \leqslant 0$
		800～1800	1800～2400	2400～3000
粉土		—	$0.75 \leqslant e \leqslant 0.9$	$e < 0.75$
		—	1000～1500	1500～2000
砂土、碎石类土		稍密	中密	密实
	粉砂	500～700	800～1100	1200～2000
	细砂	700～1100	1200～1800	2000～2500
	中砂	1000～2000	2200～3200	3500～5000
	粗砂	1200～2200	2500～3500	4000～5500
	砾砂	1400～2400	2600～4000	5000～7000
	圆砾、角砾	1600～3000	3200～5000	6000～9000
	卵石、碎石	2000～3000	3300～5000	7000～11000

注：1. 当桩进入持力层的深度 h_b 分别为：$h_b \leqslant D$，$D < h_b \leqslant 4D$，$h_b > 4D$ 时，q_{pk} 可相应取低、中、高值；
　　2. 砂土密实度可根据标准贯入锤击数判定，$N \leqslant 10$ 为松散，$10 < N \leqslant 15$ 为稍密，$15 < N \leqslant 30$ 为中密，$N > 30$ 为密实；
　　3. 当桩的长径比 $L/d \leqslant 8$ 时，q_{pk} 宜取较低值；
　　4. 当对沉降要求不严时，q_{pk} 可取高值。

大直径灌注桩侧阻力尺寸效应系数ψ_{si}和端阻力尺寸效应系数ψ_p　　表 7-9

土类别	黏性土、粉土	砂土、碎石类土
ψ_{si}	$(0.8/d)^{1/5}$	$(0.8/d)^{1/3}$
ψ_p	$(0.8/D)^{1/4}$	$(0.8/D)^{1/3}$

注：当为等直径桩时，表中 $D = d$。

（3）钢管桩单桩竖向极限承载力标准值

当根据土的物理竖向指标与承载力之间的经验关系确定钢管桩单向极限承载力标准值时，按下式计算：

$$Q_{uk} = Q_{sk} + Q_{pk} = u\sum q_{sik}l_i + \lambda_p q_{pk}A_p \tag{7-9}$$

当 $h_b/d < 5$ 时

$$\lambda_p = 0.16 h_b / d \tag{7-10}$$

当 $h_b/d \geqslant 5$ 时

$$\lambda_p = 0.8 \tag{7-11}$$

式中　q_{sik}、q_{pk}——分别按表 7-5、表 7-7 取值，同混凝土预制桩；

　　　　λ_p——桩端土塞效应系数，对于闭口钢管桩 $\lambda_p = 1$，对于敞口钢管桩按式（7-10）、式（7-11）取值；

　　　　h_b——桩端进入持力层深度；

　　　　d——钢管桩外径。

对于带隔板的半敞口钢管桩，应以等效直径 d_e 代替 d 确定，$d_e = d/\sqrt{n}$；其中 n 为桩端隔板分割数，如图 7-4 所示。

图 7-4　钢桩隔板分割

（4）混凝土空心桩单桩竖向极限承载力

当根据土的物理指标与承载力之间的经验关系确定敞口预应力混凝土空心桩单桩竖向极限承载力标准值时，可按下式计算：

$$Q_{uk} = Q_{sk} + Q_{pk} = u \sum \psi_{si} q_{sik} l_i + q_{pk} (A_j + \lambda_p A_{pl}) \tag{7-12}$$

当 $h_b/d < 5$ 时

$$\lambda_p = 0.16 h_b / d \tag{7-13}$$

当 $h_b/d \geqslant 5$ 时

$$\lambda_p = 0.8 \tag{7-14}$$

$$A_{pl} = \frac{\pi}{4} d_1^2 \tag{7-15}$$

式中　q_{sik}、q_{pk}——分别按表 7-5、表 7-7 取值，同混凝土预制桩；

　　　　A_j——空心柱桩端净面积；

　　　　A_{pl}——空心柱敞口面积；

　　　　λ_p——桩端土塞效应系数；

　　　　d——空心桩外径；

　　　　d_1——空心桩内径。

管桩：

$$A_j = \frac{\pi}{4} (d^2 - d_1^2) \tag{7-16}$$

空心方柱：

$$A_j = b^2 - \frac{\pi}{4} d_1^2 \tag{7-17}$$

（5）嵌岩桩竖向极限承载力标准值

桩端置于完整、较完整基岩的嵌岩桩单桩竖向极限承载力，由桩周土总极限侧阻力和嵌岩段总极限阻力组成。当根据岩石单桩抗压强度确定单桩竖向极限承载力标准值时，可按下列公式计算：

$$Q_{uk} = Q_{sk} + Q_{rk} \tag{7-18}$$

$$Q_{sk} = u\sum q_{sik}l_i \tag{7-19}$$

$$Q_{rk} = \zeta_r f_{rk}A_p \tag{7-20}$$

式中　　Q_{sk}、Q_{rk}——分别为土的总极限承载力标准值、嵌岩段总极限阻力标准值；

q_{sik}——桩周第 i 层土的极限侧阻力，无当地经验时，可根据成桩工艺按表 7-5 确定；

f_{rk}——岩石饱和单轴抗压强度标准值，黏土取天然湿度单轴抗压强度标准值；

ζ_r——桩嵌岩段侧阻和端阻综合系数。与嵌岩深径比 h_r/d、岩石软硬程度和成桩工艺有关，可按表 7-10 采用；表中数值适用于泥浆护壁成桩，对于干作业成桩（清底干净）和泥浆护壁成桩后注浆，ζ_r 应采用列表数值的 1.2 倍。

桩嵌岩段侧阻和端阻综合系数 ζ_r　　　　　　　　　　　　　表 7-10

嵌岩深径比 h_r/d	0	0.5	1.0	2.0	3.0	4.0	5.0	6.0	7.0	8.0
极软岩、软岩	0.60	0.80	0.95	1.18	1.35	1.48	1.57	1.63	1.66	1.70
较硬岩、坚硬岩	0.45	0.65	0.81	0.90	1.00	1.04	—	—	—	—

注：1. 极软岩、软岩指 $f_{rk}\leqslant15$MPa 的岩体，较硬岩、坚硬岩指 $f_{rk}>30$MPa 的岩体，介于两者之间可内插取值；
　　2. h_r 为桩身嵌岩深度，当岩面倾斜时，以坡下方嵌岩深度为准；当 h_r/d 非表列值时，ζ_r 可内插取值。

（6）后注浆灌注桩极限承载力标准值

后注浆灌注桩的单桩极限承载力，应通过静载荷试验确定。其后注浆单桩极限承载力标准值可按下式估算：

$$Q_{uk} = Q_{sk} + Q_{gsk} + Q_{gpk} = u\sum q_{sjk}l_j + u\sum \beta_{si}q_{sik}l_{gi} + \beta_p q_{pk}A_p \tag{7-21}$$

式中　　　Q_{sk}——后注浆非竖向增强段的总极限侧阻力标准值；

Q_{gsk}——后注浆竖向增强段的总极限侧阻力标准值；

Q_{gpk}——后注浆总极限端阻力标准值；

u——桩身周长；

l_j——后注浆非竖向增强段第 j 层土厚度；

l_{gi}——后注浆竖向增强段第 i 层土厚度；对于泥浆护壁成孔灌注桩，当单一桩端后注浆时，竖向增强段为桩端以上 12m；当为桩端、桩侧复式注浆时，竖向增强段为桩端以上 12m 及各桩侧注浆断面以上 12m，重叠部分应扣除；对于干作业灌注桩，竖向增强段为桩端以上、桩侧注浆断面上下各 6m；

q_{sik}、q_{sjk}、q_{pk}——分别为后注浆竖向增强段第 i 层土初始极限侧阻力标准值、非竖向增强段第 j 层土初始极限侧阻力标准值、初始极限端阻力标准值，可根据表 7-5、表 7-7 确定；

β_{si}、β_p——分别为后注浆侧阻力、端阻力增强系数，无当地经验时，可按表7-11取值。当桩径大于800mm时，可按表7-9进行侧阻力和端阻尺寸效应修正。

后注浆侧阻力增强系数 β_{si}、端阻力增强系数 β_p 表7-11

土层名称	淤泥、淤泥质土	黏性土、粉土	粉砂、细砂	中砂	粗砂、砾砂	砾石、软石	全风化岩、强风化岩
β_{si}	1.2～1.3	1.4～1.8	1.6～2.0	1.7～2.1	2.0～2.5	2.4～3.0	1.4～1.8
β_p	—	2.2～2.5	2.4～2.8	2.6～3.0	3.0～3.5	3.2～4.0	2.0～2.4

注：干作业钻、挖孔桩，β_p按表列值乘以小于1.0的折减系数。当桩端持力层为黏性土或粉土时，折减系数取0.6；为砂土或碎石土时，取0.8。

3. 极限值与允许值

承载力分为极限值和允许值，极限值是针对承载能力极限状态而言，当超出该界限时，桩即进入破坏状态；允许值是指工程设计允许采用的承载能力值。根据设计计算，承载力又可分为标准值和设计值。而极限承载力只有标准值，如本节中介绍的单桩极限承载力标准值 Q_{uk}。允许值为标准值和设计值，标准值为岩土对桩的实际支承能力；设计值为根据极限状态设计原则确定的设计验算的采用值，由极限标准值除以抗力分项系数得到。抗力分项系数见表7-12。

桩基竖向承载力抗力分项系数 表7-12

桩型与工艺	$\gamma_s = \gamma_p = \gamma_{sp}$		γ_s
	静载试验法	经验参数法	
预制桩、钢管桩	1.60	1.65	1.70
大直径灌注桩（清底干净）	1.60	1.65	1.65
泥浆护壁钻（冲）孔灌注桩	1.62	1.67	1.65
干作业钻孔灌注桩（$d < 0.8\text{m}$）	1.65	1.70	1.65
沉管灌注桩	1.70	1.75	1.70

注：1. 根据静力触探方法确定预测桩、钢管桩承载力时，取 $\gamma_s = \gamma_p = \gamma_{sp} = 1.60$；
2. 抗拔桩的侧阻抗力分项系数 γ_s 可取表中数值。

7.4 桩基础设计

桩基设计所需资料见表7-13。

桩基设计所需资料 表7-13

资料类型	具体内容
岩土工程勘察文件	①桩基按两类极限状态进行设计所需用岩土物理力学参数及原位测试参数；②对建筑场地的不良地质作用，如滑坡、崩塌、泥石流、岩溶、土洞等，有明确判断、结论和防治方案；③地下水埋藏情况、类型和水位变化幅度及抗浮设计水位，土、水的腐蚀性评价，地下水浮力计算的设计水位；④抗震设防区按设防烈度提供的液化土层资料；⑤有关地基土冻胀性、湿陷性、膨胀性评价

资料类型	具体内容
建筑场地与环境条件的有关资料	①建筑场地现状,包括交通设施、高压架空线、地下管线和地下构筑物的分布;②相邻建筑物安全等级、基础形式及埋置深度;③附近类似工程地质条件场地的桩基工程试桩资料和单桩承载力设计参数;④周围建筑物的防震、防噪声的要求;⑤泥浆排放、弃土条件;⑥建筑物所在地区的抗震设防烈度和建筑场地类别
建筑物的有关资料	①建筑物的总平面图;②建筑物的结构类型、荷载,建筑物的使用条件和设备对基础竖向及水平位移的要求;③建筑结构的安全等级
施工条件的有关资料	①施工机械设备条件,制桩条件,动力条件,施工工艺对地质条件的适应性;②水、电及有关建筑材料的供应条件;③施工机械的进出场及现场运行条件;④供设计比较用的有关桩型及实施的可行性资料

7.4.1 桩基类型、桩长及其几何尺寸的选定

1. 桩基类型选择

桩基类型的选择应根据建筑物的使用要求、上部结构类型、荷载性质、工程地质、施工条件及周围环境等因素,按照安全适用、经济合理的原则综合确定。在选择桩型时可参考《建筑桩基技术规范》JGJ 94—2008 附录 A。对于框架-核心筒等荷载分布很不均匀的桩筏基础,宜选择基桩尺寸和承载力可调性较大的桩型和工艺;当挤土沉管灌注桩用于淤泥和淤泥质土层时,应局限于多层住宅桩基;在抗震设防烈度为 8 度及以上地区,不宜采用预应力混凝土管桩(PC)和预应力混凝土空心方桩(PS)。

2. 桩的几何尺寸

桩的长度由持力层的深度决定,应经过设计和验算。同时也需要考虑桩的制作和运输条件,以及沉桩设备是否能将桩沉到预定的深度。

桩的截面尺寸应与桩长相适应,并根据计算确定。

桩端进入持力层的最小深度:①应选择较硬土层或岩层作为桩端持力层。桩端进入持力层深度,对于黏性土、粉土不宜小于 $2d$(d 为桩径);砂土不宜小于 $1.5d$;碎石类土不宜小于 d。当存在软弱下卧层时,桩端以下硬持力层厚度不宜小于 $3d$。②对于嵌岩桩,嵌岩深度应综合荷载、上覆土层、基岩、桩径、桩长等因素确定;对于嵌岩倾斜的完整和较完整岩的全断面深度不应小于 $0.4d$ 且不小于 $0.5m$,倾斜度大于 $30°$的中风化岩,宜根据倾斜度及岩石完整性适当加大嵌岩深度;对于嵌入平整、完整的坚硬岩和较硬岩的深度不宜小于 $0.2d$,且不应小于 $0.2m$。

7.4.2 确定单桩承载力

单桩允许承载力,按前文所述方法确定。

7.4.3 确定桩数和桩的布置

1. 桩数的确定

设计时,可先根据单桩承载力和上部的结构荷载情况确定桩数,桩数 n 可由下式初步确定:

中心荷载作用时,桩数 n 的确定:

$$n \geqslant (F_k + G_k)/N_k \qquad (7\text{-}22)$$

偏心荷载作用时，桩数 n 的确定：

$$n \geqslant \mu(F_k + G_k)/N_k \qquad (7\text{-}23)$$

式中　n——桩数；

　　F_k——作用于桩基承台顶面的竖向力设计值；

　　G_k——桩基承台和承台上土的自重设计值，地下水位以下部分应扣除水的浮力；

　　N_k——桩基中复合基桩或基桩的竖向承载力设计值；

　　μ——增大系数，一般取 $1.1 \sim 1.2$。

其次遵照布桩的原则和间距的规定，合理布置桩群，经过单桩受力验算后作必要的修改，最后由初步确定的桩数、桩距及其布置方式，即可确定承台平面尺寸，作出桩基的初步设计。

【例 7-1】 某柱下桩基础采用 6 根沉管灌注桩，桩位布置及承台平面尺寸见图 7-5，作用于承台顶面相应于荷载效应标准组合的外力为 $F_k = 1750\text{kN}$，$M_k = 240\text{kN} \cdot \text{m}$，$H_k = 60\text{kN}$，承台及以上土的加权平均重度为 $\gamma_G = 20\text{kN/m}^3$，求相应于荷载效应标准组合偏心竖向力作用下的最大单桩竖向力 Q_{kmax} 是多少？

【解】 　　　　$F_k + G_k = 1750 + 20 \times 3.8 \times 2.8 \times 1.5 = 2069.2\text{kN}$

$$M_k = 240 + 60 \times 1 = 300\text{kN} \cdot \text{m}$$

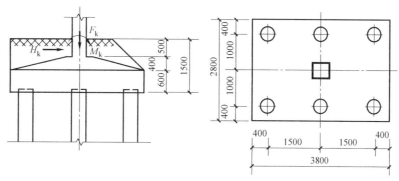

图 7-5　例 7-2 图

偏心力作用下

$$Q_{kmax} = \frac{F_k + G_k}{n} + \frac{M_k \cdot y_1}{\sum y_i^2} = \frac{2069.2}{6} + \frac{300 \times 1.5}{2 \times 2 \times 1.5^2} = 394.87\text{kN}$$

2. 桩平面布置

合理布置桩位是使桩基安全经济的重要环节，桩基的布置应符合以下条件。

（1）基桩的最小中心距应符合相关规定，见表 7-14；当施工中采取减小挤土效应的可靠措施时，可根据当地经验适当减小。

表 7-14

基桩的最小中心距

土类与成桩工艺		排数不小于 3 排且不少于 9 根的摩擦型桩基	其他情况
非挤土灌注桩		$3.0d$	$3.0d$
部分挤土桩	非饱和土、饱和非黏性土	$3.5d$	$3.0d$
	饱和黏性土	$4.0d$	$3.5d$

土类与成桩工艺		排数不小于 3 排且不少于 9 根的摩擦型桩基	其他情况
挤土桩	非饱和土、饱和非黏性土	4.0d	3.5d
	饱和黏性土	4.0d	4.0d
钻、挖孔扩底桩		2D 或 D+1.5m（当 D>2m）	1.5D 或 D+1.5m（当 D>2m）
沉管夯扩、钻孔挤扩桩	非饱和土、饱和非黏性土	2.2D 且 4.0d	2.0D 且 3.5d
	饱和黏性土	2.5D 且 4.0d	2.2D 且 4.0d

注：1. d 为圆桩设计直径或方桩设计边长，D 为扩大端设计直径；

2. 当纵横向桩距不等时，其最小中心距应满足"其他情况"一栏的规定；

3. 当为端承桩时，非挤土灌注桩的"其他情况"一栏可减小至 2.5d。

（2）桩距保持在（3～4）d 为宜（d 为圆桩设计直径或方桩设计边长）。在平面上的布置多采用行列式，也可采用梅花式，可等距排列，也可不等距排列。

（3）尽量使各桩桩顶受荷均匀，上部结构的荷载重心与桩的重心重合，并使群桩在承受水平力和弯矩方向有较大的抵抗矩。

（4）在纵横墙交叉处都应布桩，横墙较多的多层建筑可在横墙两侧的纵墙上布置桩，门洞口下面不宜布桩。

（5）同一结构单元不宜同时采用摩擦桩和端承桩。

（6）大直径桩宜采用一柱一桩；当筒体采用群桩时，在满足桩的最小中心距（见表 7-14）要求的前提下，桩宜尽量布置在筒体以内或不超过筒体外缘 1 倍板厚范围。

（7）在伸缩缝或防震缝处可采用两柱共用同一承台的布桩形式。

（8）剪力墙下的布桩量要考虑剪力墙两端应力集中的影响，而剪力墙中和轴附近的桩可按受力均匀布置。

7.4.4　桩基验算

根据桩基的初步设计进行桩基验算，包括桩基中单桩受力验算、群桩验算、桩基强度验算，以及必要时的桩基沉降验算。其中有一项不满足要求时，应修改桩基的设计，直到全部验算满足要求为止。

1. 桩基中各桩受力的验算

（1）按照荷载效应要小于或等于抗力效应的原则验算桩基中各桩所承受的外力，桩基竖向承载力计算应符合下列要求。

① 荷载效应标准组合

轴心竖向力作用下：

$$N_k \leqslant R \tag{7-24}$$

偏心竖向力作用下，除应满足上式外，尚应满足下式的要求：

$$N_{kmax} \leqslant 1.2R \tag{7-25}$$

② 地震作用效应和荷载效应标准组合

轴心竖向力作用下：

$$N_{Ek} \leqslant 1.25R \tag{7-26}$$

偏心竖向力作用下，除满足上式外，尚应满足下式的要求：

$$N_{Ekmax} \leqslant 1.5R \tag{7-27}$$

式中　N_k——荷载效应标准组合轴心竖向力作用，基桩或复合基桩的平均竖向力；

N_{kmax}——荷载效应标准值组合偏心竖向力作用下，桩顶最大竖向力；

N_{Ek}——地震作用效应和荷载效应标准组合下，基桩或复合基桩的平均竖向力；

N_{Ekmax}——地震作用效应和荷载效应标准组合下，基桩或复合基桩的最大竖向力；

R——基桩或复合基桩竖向承载力特征值。

（2）单桩竖向承载力特征 R_a

$$R_a = \frac{1}{K} Q_{uk} \tag{7-28}$$

式中　Q_{uk}——单桩竖向极限承载力标准值；

K——安全系数，一般取 $K=2$。

对于端承型基桩、桩数小于 4 根的摩擦型柱下独立桩基或由于土层性质、使用条件等因素不用考虑承台效应时，基桩竖向承载力特征值应取单桩竖向承载力特征值。

对于符合下列条件之一的摩擦型桩基，宜考虑承台效应确定其复合基桩的竖向承载力特征值：

① 上部结构整体刚度较好、体型简单的建（构）筑物；

② 对差异沉降适应性较强的排架结构和柔性构筑物；

③ 按变刚度调平原则设计的桩基刚度相对弱化区；

④ 软土地基的减沉复合疏桩基础。

（3）考虑承台效应的复合基桩竖向承载力特征值

不考虑地震作用时

$$R = R_a + \eta_c f_{ak} A_c \tag{7-29}$$

考虑地震作用时

$$R = R_a + 4\zeta_a \eta_c f_{ak} A_c / 5 \tag{7-30}$$

$$A_c = (A - nA_{ps})/n \tag{7-31}$$

式中　η_c——承台效应系数，可按表 7-15 取值；

f_{ak}——承台下 1/2 承台宽度且不超过 5m 深度范围内各土层的地基承载力特征值，取厚度加权的平均值；

A_c——计算基桩所对应的承台底净面积；

A_{ps}——桩身截面面积；

A——承台计算域面积，对于柱下独立基桩，A 为承台总面积；对于桩筏基础，A 为柱、墙筏板的 1/2 跨距和悬臂边 2.5 倍筏板厚度所围成的面积；桩集中布置于单片墙下的桩筏基础，取墙两边各 $l/2$ 跨距围成的面积，按条形承台计算 η_c；

ζ_a——地基抗震承载力调整系数，应按现行国家标准《建筑抗震设计规范》GB 50011—2010 采用。

当承台底为可液化土、湿陷性土、高灵敏度软土、欠固结土、新填土时，沉桩引起超孔隙水压力和土体隆起时，不考虑承台效应，$\eta_c = 0$。

B_c/L \ S_a/d	3	4	5	6	>6
0.4	0.06~0.08	0.14~0.17	0.22~0.26	0.32~0.38	
0.4~0.8	0.05~0.10	0.17~0.20	0.26~0.30	0.35~0.44	0.50~0.80
>0.8	0.10~0.12	0.20~0.22	0.30~0.34	0.44~0.50	
单排桩条形承台	0.15~0.18	0.25~0.30	0.3~0.45	0.50~0.60	

注：1. 表中 S_a/d 为桩中心距与桩径之比；B_c/L 为承台宽度与桩长之比；当计算基桩为非正方形排列时，$S_a = (A/n)^{\frac{1}{2}}$，$A$ 为承台计算域面积；n 为总桩数；

    2. 对于桩布置于墙下的箱、筏承台，η_c 可按单排桩条形承台取值；

    3. 对于单排桩条形承台，当承台宽度小于 $1.5d$ 时，η_c 按非条形承台取值；

    4. 对于采用后注浆灌注桩的承台，η_c 宜取低值；

    5. 对于饱和黏性土中的挤土桩基、软土地基上的桩基承台，η_c 宜取低值的 0.8 倍。

2. 桩基沉降验算

建筑桩基沉降变形计算值不应大于桩基沉降变形允许值。

桩基沉降变形的指标有：

（1）沉降量：指基础中心点的沉降值；

（2）沉降差：指相邻单独基础沉降量的差值；

（3）整体倾斜：建筑物桩基础倾斜方向两端点的沉降差与其距离的比值；

（4）局部倾斜：墙下条形承台沿纵向某一长度范围内桩基基础两点的沉降差与其距离的比值。

对于砌体承重结构，由于土层厚度与性质不均匀、荷载差异、体型复杂、相互影响等因素引起的地基沉降变形，应由局部倾斜控制。

对于多层或高层建筑和高耸结构应由整体倾斜值控制。

当结构为框架、框架-剪力墙、框架-核心筒结构时，应控制柱（墙）之间的差异沉降。

① 桩中心距不大于 6 倍桩径的桩基任一点最终沉降量

角点法计算：

$$s = \psi \cdot \psi_e \cdot s' = \psi \cdot \psi_e \sum_{j=1}^{m} p_{0j} \sum_{i=1}^{n} \frac{z_{ij}\overline{\alpha_{ij}} - z_{(i-1)j}\overline{\alpha_{(i-1)j}}}{E_{si}} \tag{7-32}$$

$$\psi_e = C_0 + \frac{n_b - 1}{C_1(n_b - 1) + C_2} \tag{7-33}$$

$$n_b = \sqrt{n_c B_c / L_c} \tag{7-34}$$

式中　　s——桩基最终沉降量（mm）；

     s'——采用 Boussinesq 解，按实体深基础分层总和法计算出桩基沉降量（mm）；

     ψ——桩基沉降计算验算经验系数，当无当地可靠经验时可按表 7-16 确定；

     ψ_e——桩基等效沉降系数；

     m——角点法计算点对应的矩形荷载分块数；

     p_{0j}——第 j 块矩形底面在荷载效应准永久组合下的附加压力（kPa）；

n ——桩基沉降计算深度范围内所划分的土层数；

E_{si} ——等效作用面以下第 i 层土的压缩模量（MPa），采用地基土在自重压力至自重压力加附加压力作用时的压缩模量；

z_{ij}、$z_{(i-1)j}$ ——分别为桩端平面第 j 块荷载作用面至第 i 层土、第 $i-1$ 层土底面的距离（m）；

$\overline{\alpha_{ij}}$、$\overline{\alpha_{(i-1)j}}$ ——分别为桩端平面第 j 块荷载计算点至第 i 层土、第 $i-1$ 层土底面深度范围内平均附加应力系数，按《建筑桩基技术规范》JGJ 94—2008 采用；

n_b ——矩形布桩时的短边布桩数，当布桩不规则时可按近似计算，$n_b > 1$；当 $n_b = 1$ 时，可按《建筑桩基技术规范》JGJ 94—2008 的式（7.5.14）计算；

C_0、C_1、C_2 ——根据群桩距径比 S_a/d、长径比 l/d 及基础长宽比 L_c/B_c，由《建筑桩基技术规范》JGJ 94—2008 附录 E 确定；

L_c、B_c、n_c ——分别为矩形承台的长、宽及总桩数。

桩基沉降计算经验系数 ψ 表 7-16

$\overline{E_s}$(MPa)	≥10	15	20	35	≥50
ψ	1.20	0.90	0.65	0.50	0.40

注：1. $\overline{E_s}$ 为沉降计算深度范围内压缩模量的当量值，可按下式计算：$\overline{E_s} = \sum A_i / \sum \dfrac{A_i}{E_{si}}$，式中，$A_i$ 为第 i 层土附加应力系数沿土层厚度的积分值，可近似按分块面积计算；

2. ψ 可根据 $\overline{E_s}$ 内插取值。

② 单桩、单排桩、桩中心距大于 6 倍桩径的疏桩基础的最终沉降计算

对于承台底地基土不分担荷载的桩基，桩端平面以下地基中由基桩引起的附加应力，按考虑桩径影响的明德林（Mindlin）解计算确定。将沉降计算点水平面影响范围内各基桩对应力计算点产生的附加应力叠加，采用单向压缩分层总和法计算土层的沉降，并计入桩身压缩 s_e。桩基的最终沉降量可按下式计算：

$$s = \psi \sum_{i=1}^{n} \frac{\sigma_{zi}}{E_{si}} \Delta z_i + s_e \tag{7-35}$$

$$\sigma_{zi} = \sum_{j=1}^{m} \frac{Q_j}{l_j^{2}} [\alpha_j I_{p,ij} + (1 - \alpha_j) I_{s,ij}] \tag{7-36}$$

$$s_e = \xi_e \frac{Q_j l_j}{E_c A_{ps}} \tag{7-37}$$

对于承台底地基土分担荷载的复合桩基，将承台底土压力对地基中某点产生的附加应力按 Boussinesq 解计算，与基桩产生的附加应力叠加，采用前面的方法计算沉降。其最终沉降量可按下式计算：

$$s = \psi \sum_{i=1}^{n} \frac{\sigma_{zi} + \sigma_{zci}}{E_{si}} \Delta z_i + s_e \tag{7-38}$$

$$\sigma_{zci} = \sum_{k=1}^{u} \alpha_{ki} \cdot p_{c,k} \tag{7-39}$$

以上各式中 m ——以沉降计算点为圆心，0.6 倍桩长为半径的水平面影响范围内的基桩数；

n ——沉降计算深度范围内土层的计算分层数；分层数应结合土层性质确

定，分层厚度不应超过计算深度的 0.3 倍；

σ_{zi}——水平面影响范围内各基桩对应力计算点桩端平面以下第 i 层土 1/2 厚度处产生的附加竖向应力之和；应力计算点应取与沉降计算点最近的桩中心点；

σ_{zci}——承台压力对应力计算点桩端平面以下第 i 层计算土层 1/2 厚度处产生的应力；可将承台板划分为 u 个矩形块，可按《建筑桩基技术规范》JGJ 94—2008 附录 D 确定；

Δz_i——第 i 计算土层厚度；

E_{si}——第 i 计算土层的压缩模量（MPa），采用土的自重压力至土的自重压力加附加压力作用时的压缩模量；

Q_j——第 j 桩在荷载效应准永久组合作用下（对于复合桩应扣除承台底土分担荷载）桩顶的附加荷载（kN）；当地下室埋深超过 5m 时，取荷载效应准永久组合作用下的总荷载为考虑回弹再压缩的等代附加荷载；

l_j——第 j 桩桩长（m）；

A_{ps}——桩身截面面积；

α_j——第 j 桩桩端总阻力与桩顶荷载之比，近似取极限总端阻力与单桩极限承载之比；

$I_{p,ij}$、$I_{s,ij}$——分别为第 j 桩的桩端阻力和桩侧阻力对计算轴线第 i 计算土层 1/2 厚度处的应力影响系数；

E_c——桩身混凝土的弹性模量；

$p_{c,k}$——第 k 块承台底均布压力，可按 $p_{c,k}=\eta_{c,k} f_{ak}$ 取值，其中 $\eta_{c,k}$ 为第 k 块承台底板的承台效应系数；f_{ak} 为承台底面基础承载力特征值；

α_{ki}——第 k 块承台底角点处，桩端平面以下第 i 计算土层 1/2 厚度处的附加应力系数；

s_e——计算桩身压缩；

ξ_e——桩身压缩系数。端承型桩，取 1.0；摩擦型桩，当 $l/d \leqslant 30$ 时，取 2/3；$l/d \geqslant 50$ 时，取 1/2；介于两者之间可线性内插；

ψ——沉降计算经验系数，无当地经验时，可取 1.0。

7.5 承台的设计

7.5.1 构造

1. 承台的构造要求

桩基承台的构造，除应满足抗冲切、抗剪切、抗弯承载力和上部结构要求外，还应满足下列条件：

（1）柱下独立桩基承台的最小宽度不应小于 500mm，边桩中心至承台边缘的距离不应小于桩的直径或边长，且桩的外边缘至承台边缘的距离不应小于 150mm。对于墙下条形承台梁，桩的外边缘至承台梁边缘的距离不应小于 75mm。

（2）通常承台的最小厚度不应小于 300mm，高层建筑平板式和梁板式筏形承台的最小厚度不应小于 400mm，墙下布桩的剪力墙结构筏形承台的最小厚度不应小于 200mm。

（3）高层建筑箱形承台的构造应符合《高层建筑筏形与箱形基础技术规范》JGJ 6—2011 的规定。

（4）承台混凝土材料及其强度等级应符合结构混凝土耐久性要求和抗渗要求。

（5）承台混凝土等级不应低于 C20，纵向钢筋的混凝土保护层厚度，当有混凝土垫层时，不应小于 40mm，无垫层时不应小于 70mm，此外尚不应小于桩头嵌入承台内的长度。

2. 承台的配筋

（1）柱下独立桩基承台钢筋应通长配置，如图 7-6（a）所示，对四桩以上（含四桩）承台宜按双向均匀布置，对三桩的三角形承台应按三向板带均匀布置，且最里面的三根钢筋围成的三角形应在柱截面范围内，如图 7-6（b）所示。钢筋锚固长度自边桩内侧（当为圆桩时，应将其直径乘以 0.8，等效为方桩）算起，不应小于 35d（d 为钢筋直径）；当不满足时应将钢筋向上弯折，此时水平段的长度不应小于 25d，弯折段长度不应小于 10d。承台纵向受力钢筋的直径不小于 12mm，间距不应大于 200mm。柱下独立桩基承台的最小配筋率不应小于 0.15%。

（2）柱下独立两桩承台，应按现行国家标准《混凝土结构设计规范》GB 50010—2010（2015 年版）中的受弯构件配置纵向受拉筋、水平及竖向分布钢筋。承台纵向受力钢筋端部的锚固长度及构造应与柱下多桩承台的规定相同。

（3）条形承台梁的纵向主筋应符合现行国家标准《混凝土结构设计规范》GB 50010—2010（2015 年版）中关于最小配筋率的规定，如图 7-6（c）所示，主筋直径不应小于 12mm，架力筋直径不应小于 10mm，箍筋直径不应小于 6mm。承台梁端部纵向受力钢筋的锚固长度及构造应与柱下多桩承台的规定相同。

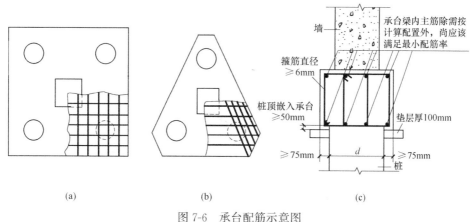

图 7-6　承台配筋示意图
（a）矩形承台配筋；（b）三桩承台配筋；（c）墙下承台配筋

（4）筏形承台板或箱形承台板在计算中当仅考虑局部弯矩作用时，考虑到整体弯曲的影响，在纵横两个方向的下层钢筋配筋率不宜小于 0.15%；上层钢筋应按计算配筋率全部连通。当筏板的厚度大于 2000mm 时，宜在板厚中间部位设置直径不小于 12mm、间距不大于 300mm 的双向钢筋网。

3. 桩与承台的连接构造

（1）桩嵌入承台内的长度：对中等直径桩不宜小于 50mm，对大直径桩不宜小于 100mm。

（2）混凝土桩的桩顶纵向主筋应锚入承台内，其锚入长度不宜小于 35 倍纵向主筋直径。对于抗拔桩，桩顶纵向主筋的锚固长度应按现行国家标准《混凝土结构设计规范》GB 50010—2010（2015 年版）确定。

（3）对于大直径灌入桩，当采用"一柱一桩"时可设置承台或将桩与柱直接连接。

4. 柱与承台的连接构造

（1）对于"一柱一桩"基础，柱与桩直接连接时，柱纵向主筋锚入桩身内长度不应小于 35 倍纵向主筋直径。

（2）对于多桩承台，柱纵向主筋应锚入承台不小于 35 倍纵向主筋直径；当承台高度不满足锚固要求时，竖向锚固长度不应小于 20 倍纵向主筋直径，并向柱轴线方向作 90°弯折。

（3）当有抗震设防要求时，对一、二级抗震等级要求的柱，纵向主筋锚固长度应乘以 1.15 的系数；对于三级抗震的柱，纵向主筋锚固长度应乘以 1.05 的系数。

5. 承台与承台之间的连接构造

（1）"一柱一桩"时，应在桩顶两个主轴方向上设置连系梁。当桩与柱的截面直径之比大于 2 时，可不设连系梁。

（2）两桩桩基的承台，应在其短向设置连系梁。

（3）有抗震设防要求的柱下桩基承台，宜沿两个主轴方向设置连系梁。

（4）连系梁顶面宜与承台顶面位于同一标高。连系梁宽度不宜小于 250mm，其高度可取承台中心距的 1/15～1/10，且不宜小于 400mm。

（5）连系梁配筋应按计算确定，梁上下部配筋不宜少于 2 根直径 12mm 钢筋；位于同一轴线上的相邻跨连系梁纵筋应连通。

（6）桩与承台连接的防水构造问题：当前工程实践中，桩与承台连接的防水构造形式繁多，本书建议采用《建筑桩基技术规范》JGJ 94—2008 的构造做法，如图 7-7 所示。

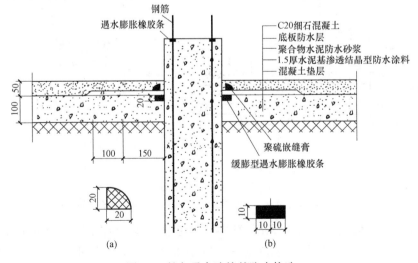

图 7-7 桩与承台连接的防水构造
（a）聚硫嵌缝膏；（b）遇水膨胀橡胶条

6. 承台与地下室

承台和地下室外墙与基坑侧壁间隙应灌注素混凝土或搅拌流动性水泥，或采用灰土、级配砂石、压实性较好的素土分层夯实，其压实系数不宜小于0.94。

7.5.2 承台的计算

1. 柱下独立桩基承台的正截面弯矩设计值计算

（1）条形两桩承台和矩形多桩承台，如图7-8（a）所示。

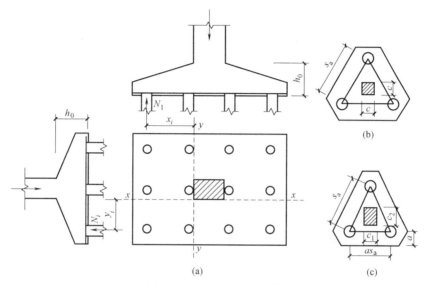

图 7-8 承台弯矩计算示意

（a）矩形多桩承台；（b）等边三桩承台；（c）等腰三桩承台

$$M_x = \sum N_i y_i \tag{7-40}$$

$$M_y = \sum N_i x_i \tag{7-41}$$

式中　M_x、M_y——分别为绕 x 轴和 y 轴方向计算截面处的弯矩设计值；

x_i、y_i——垂直 y 轴和 x 轴方向自桩轴线到相应计算截面的距离；

N_i——不计承台及其上土重，在荷载效应基本组合下的第 i 基桩或复合桩竖向反力设计值。

（2）三桩承台的正截面弯矩值应符合下列要求：

① 等边三桩承台，如图7-8（b）所示：

$$M = \frac{N_{max}}{3}\left(s_a - \frac{\sqrt{3}}{4}c\right) \tag{7-42}$$

② 等腰三桩承台，如图7-8（c）所示：

$$M_1 = \frac{N_{max}}{3}\left(s_a - \frac{0.75}{\sqrt{4-a^2}}c_1\right) \tag{7-43}$$

$$M_2 = \frac{N_{max}}{3}\left(as_a - \frac{0.75}{\sqrt{4-a^2}}c_2\right) \tag{7-44}$$

2. 轴心竖向力作用下桩基承台受柱（墙）的冲切

（1）冲切破坏锥体应采用自柱（墙）边或承台变阶处至相应桩顶边缘所构成的锥体，锥体斜面与承台底面之间的夹角不应小于45°，如图7-9所示。

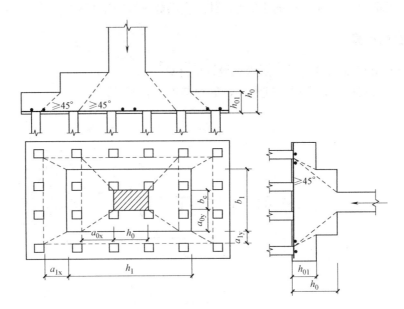

图7-9　柱对承台的冲切计算示意

（2）受柱（墙）冲切承载力计算

$$F_l = \beta_{hp}\beta_0 u_m f_t h_0 \tag{7-45}$$

$$F_l = F - \sum Q_i \tag{7-46}$$

$$\beta_0 = \frac{0.84}{\lambda + 0.2} \tag{7-47}$$

式中　F_l——不计承台及其上土重，在荷载效应基本组合下作用于冲切破坏锥体上的冲切力设计值；

f_t——承台混凝土抗拉强度设计值；

β_{hp}——承台受冲切承载力截面高度影响系数，当 $h \leqslant 800mm$ 时，β_{hp} 取 1.0；当 $h \geqslant 2000mm$ 时，β_{hp} 取 0.9，其间按线性内插法取值；

u_m——承台冲切破坏锥体一半有效高度处的周长；

h_0——承台冲切破坏锥体的有效高度；

β_0——柱（墙）冲切系数；

λ——冲跨比，$\lambda = a_0/h_0$，a_0 为柱（墙）边或承台变阶处到柱边水平距离；当 $\lambda < 0.25$ 时，取 $\lambda = 0.25$；当 $\lambda > 1.0$ 时，取 $\lambda = 1.0$；

F——不计承台及其上土重，在荷载效应基本组合作用下柱（墙）底的竖向荷载设计值；

$\sum Q_i$——不计承台及其上土重，在荷载效应基本组合下冲切破坏锥体内各基桩或复合基桩的反力设计值之和。

本 章 小 结

1. 可按承载力情况、桩的使用功能、成桩方法、桩径大小和施工方法等对桩进行分类。

2. 桩的设计内容及原则。

思考题与练习题

1. 简述桩基础的适用条件。

2. 简述桩基设计的步骤。

3. 设计中如何选择桩径、桩长及桩的类型？

4. 简述桩基的沉降验算方法。

5. 承台的尺寸如何确定？应做哪些验算？

6. 简述灌注桩和预制桩的应用范围。

7. 框架柱下桩基础如图 7-10 所示，作用于承台顶面的竖向力设计值 $F_k = 2500kN$，绕 y 轴弯矩 $M_y = 52.5kN \cdot m$，不考虑承台底地基土反力作用，分析各桩轴力间最大差值。

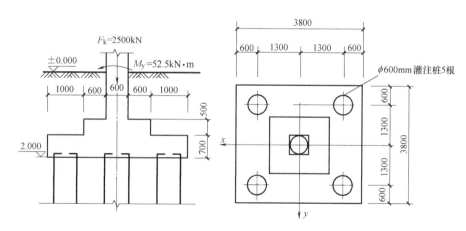

图 7-10

第8章 地基处理

【教学目标】 了解软弱地基的特点，明确地基处理的对象和目的、分类、原则及注意事项；掌握碾压法、夯实法、挤密法和振冲法的概念；掌握注浆法、水泥土搅拌法概念；掌握加筋的概念；了解排水固结法概念、加固机理；掌握地基处理方法和作用、适用范围与设计要点。

8.1 概　述

在工程建设中，常按照工程所在地地质条件下地基土的不同物理力学特性和上部建筑物的荷载大小，采用不同形式的基础，如独立基础、条形基础、十字交叉条形基础、片筏基础或箱形基础等，并直接埋置在经过适量开挖，进行简单夯实处理的天然土层上，这种地基称为天然地基。在满足地基容许承载力和建筑物容许变形条件下，应尽量采用天然地基，因为这样做不仅经济，施工简便，而且工期较短。

随着人们对建筑物使用需求的发展和建筑技术的进步，建筑高度越来越高、跨度越来越大，高层以及超高层建筑与公共建筑日趋增多，荷载越来越大，天然地基已不能满足支承上部荷载和控制建筑物变形的需求，必须对地基进行加强，才能在上面建造基础，也就是把工程支承在经过人工处理的地基土上，这种地基称为人工地基，这就是地基处理。人工地基从处理深度上又可分为浅层处理和深层处理。与天然地基相比，地基处理尤其是深层处理，往往施工工艺复杂，工期很长，处理费用高。因此，建筑工程总是优先采用天然地基或者只对地基进行浅层处理。只有在特殊需要时，才采取深层处理。例如，桩基础是应用最多的人工地基。当然，桩基础造价较高，由于桩基础已有较完整的理论，其设计方法、施工工艺、现场监测都较成熟，已成为一门独立的学科。在地基处理方法的分类中，一般不包括各种（混凝土桩、钢桩等）桩基础，也不把它作为一种地基处理方法介绍。本节仅限于论述地基的浅层处理。

各类建筑物的地基处理需要解决的技术问题，可概括为下列四个方面。

（1）地基的强度与稳定性问题

若地基的抗剪强度不足以支承上部荷载时，地基就会产生局部剪切或整体滑动破坏，它将影响建筑物的正常使用，甚至成为灾难。如美国纽约水泥仓库与加拿大特朗斯康谷仓地基滑动，引起上部结构倾倒。

（2）地基的变形问题

当地基在上部荷载作用下，产生严重沉降或不均匀沉降时，就会影响建筑物的正常使用，甚至发生整体倾斜、墙体开裂、基础断裂等事故。如比萨斜塔，因地基沉陷引起。某住宅楼因为湿陷性黄土遇水湿陷，楼房裂缝达 10~20mm。丹江岸边某研究所资料楼因为膨胀土浸水胀缩，钢筋混凝土结构地下室裂缝达 30~50mm，阳光都照进去了。这些工程事故都是典型实例。

（3）地基的渗漏与溶蚀

如水库地基渗漏严重，会发生水量损失。北京某水库，地基为卵石，渗透系数很大，水库建成后水库中的水全部漏完，成为一座空坝。地基溶蚀会使地面塌陷，徐州市区塌陷即为典型实例。

（4）地基振动液化

在强烈地震作用下，会使地下水位下的松散粉细砂和粉土产生液化，地基丧失承载力。

凡建筑物的天然地基，存在上述四类问题时，都可归结为软弱土和不良地基，必须进行地基处理，以确保工程安全。

地基处理关系到整个工程的质量、造价与工期，地基处理的意义已被越来越重视。我国 2012 年颁布《建筑地基处理技术规范》JGJ 79—2012，要求地基处理做到技术先进、经济合理、安全适用，确保质量。

8.1.1　软弱土的概念、特性和规范的基本规定

软弱土是指淤泥、淤泥质土、部分冲填土、杂填土或其他高压缩性土。由软弱土构成的地基称为软弱土地基。软弱土一般具有以下特性：

（1）含水量较高（一般为 30%～80%），孔隙比较大（一般为 1.0～2.0）；

（2）抗剪强度低（其不排水抗剪强度一般为 5～25kPa）；有效内摩擦角约为 $\varphi = 20^\circ$～35°；固结不排水剪的总应力法向内摩擦角 $\varphi = 12^\circ$～17°，承载力也较低；

（3）压缩性高，一般正常固结的软土层的压缩系数 $a_{1\text{-}2} = 0.5$～1.5MPa^{-1}，最大可达 4.5MPa^{-1}；

（4）渗透性小；

（5）有明显的结构性，属于高灵敏性土；

（6）具有明显的流变性。

由于软弱土具有上述特点，往往无法直接作为天然地基承受上部结构荷载，因此需要在基础底面以下的一定深度范围内对其进行人工加固或处理。

《建筑地基基础设计规范》GB 50007—2011 规定，在存在软弱土层的场地上进行地基勘察时，应查明软弱土层的均匀性、地基土构成、分布范围等土质情况。对于冲填土尚应了解排水固结条件；对杂填土应查明堆积历史，明确自重作用下的变形稳定性、湿陷性等基本不良因素。进行设计时，应考虑上部结构和地基共同作用；对建筑体型、荷载情况、结构类型和地质条件进行综合分析，确定合理的建筑措施、结构措施和地基处理方法。进行施工时，应注意对淤泥或淤泥质土基槽底面的保护，减少扰动，对荷载差异较大的建筑物，宜先建造重、高部分，后建轻、低部分；活荷载较大的构筑物或构筑物群（如料仓、油罐等）使用初期应根据沉降情况控制加载速率，掌握加载间隔时间，避免过大倾斜。

8.1.2　地基处理的目的

地基处理的目的主要是改善地基土体的工程性质，使地基能够达到建筑物对地基强度、稳定性和变形的要求。按照地基处理方法的基本原理，可以将地基处理方法的机理分为三大类：土质改良、土的置换和土的加固和补强。

经处理后的地基，当按地基承载力确定基础底面积及埋深而需要对地基承载力特征值进行修正时，应符合下列规定：（1）基础宽度的地基承载力修正系数取零；（2）基础埋深的地基承载力修正系数应取 1.0。对具有胶结强度的增强体复合地基尚应根据修正后的复合地基承载力特征值，进行桩身强度验算。

《建筑地基基础设计规范》GB 50007—2011 规定应按地基变形设计或应做变形验算的建筑物或构筑物，在进行地基处理后，应进行地基变形验算，其地基变形计算值不应大于地基特征变形允许值。

8.1.3　地基处理中的几个概念

1. 土的压缩原理

对无黏性土（砂土），通过加水饱和，动力振动来进行地基处理。饱和粉土有振动液化的特性。对于黏性土，通过夯实或碾压，使其孔隙比减小，提高密实程度，降低压缩性，提高抗剪强度，使其成为能承受较大荷载的地基持力层。控制土的压实效果的主要因素包括土的种类、土的含水量、压实机械及其压实功等。评定压实效果的两个重要指标为：最大干密度 ρ_{dmax}、压实系数 λ_c。

（1）最大干密度：对黏性土而言，在一定压实机械的功能条件下，存在一个含水量，在该含水状态下土最容易被压实，并能达到最好的压实效果。该含水量称为该夯击能量下的最优含水量 ω_u；相对应的最密实状态（最好压实效果）下的干密度则称为最大干密度 ρ_{dmax}。土的最优含水量和最大干密度由室内标准或重型击实试验测得。由击实试验可绘制含水量与干密度关系曲线，称为压实曲线。压实曲线中相应于干密度峰值（即最大干密度）的含水量就是最优含水量 ω_u。该干密度峰值就是最大干密度。需要找到一个最优含水率和对应的最大干密度。

（2）压实系数：土的控制干密度 ρ_d（现场实测干密度的平均值）与最大干密度 ρ_{dmax}（实验室得到）的比值称为压实系数 λ_c，是工程中用以评价土体是否被压实的重要指标。

2. 复合地基

当天然地基不能满足地基承载力或建筑物对变形的要求时，可将部分土体增强或用其他材料进行置换形成增强体，从而形成由增强体和周围原状或挤密土组成的复合地基。强夯、置换法、振冲法、CFG 桩法（可填充水泥粉煤灰碎石、混凝土、建筑垃圾等）、水泥土搅拌法、高压喷射注浆（喷粉）法、灰土和土挤密桩法、柱锤冲扩桩法等均可形成复合地基。

3. 置换率

用桩式置换法加固、处理地基时，置换桩体的截面积与该桩承担的处理面积（被该置换桩加固范围内的桩土总截面积）之比称为桩式置换法的置换率，一般用 m 表示，是地基处理技术的一个重要指标。

4. 桩间土承载力折减系数

桩式加固的复合地基，当桩的变形性（小）与桩间土的变形性（大）差异较大时，桩土一起工作时桩间土不可能完全发挥效应，计算复合地基承载力时需要对桩间土的承载力进行折减，引入的经验系数称为桩间土承载力折减系数，一般用 β 表示。

5. 复合地基载荷试验要点

复合地基的承载力可通过地基载荷试验来确定。

单桩复合地基载荷试验的承压板可用圆形或方形的刚性压板，面积为 1 根桩承担的处理面积；多桩复合地基载荷试验的承压板可为方形或矩形，其尺寸按实际桩数所承担的处理面积确定。桩的中心（或形心）应与承压板中心保持一致，并与荷载作用点重合。

荷载试验操作过程应注意以下事项：承压板底面标高应与桩顶设计标高相同。承压板底面下宜铺设粗砂或中砂垫层，垫层厚度取 50～150mm。试验标高处的试坑长度和宽度，应小于承压板尺寸的 3 倍。基础梁的支点应设在试坑之外。加荷试验时的加荷等级可分为 8～12 级。最大加载压力不应小于设计要求的地基承载力特征值的 2 倍；每加一级荷载前后均应读记承压板沉降量一次，以后每半小时读记一次；当 1h 内沉降量小于 0.1mm 时，可认为地基在该压力作用下的沉降已接近于稳定，可以施加下一级荷载。

当出现下列现象之一时可终止加荷：

（1）沉降急剧增大，土被挤出或承压板周围出现明显隆起。

（2）承压板的累积沉降量已大于其宽度或直径的 6%。

（3）当达不到极限荷载，而最大加载压力已达到设计要求的地基承载力特征值的 2 倍，工程实践中这类情况较多。

6. 复合地基特征值的确定

当压力-沉降曲线上极限荷载已经确定，而其值不小于对应比例界限的 2 倍时，可取极限荷载的一半，例如极限试验荷载为 400kPa，复合地基特征值可取为 200kPa。

8.1.4 实施地基处理的方法步骤

当地基承载力或变形不能满足设计要求时，地基处理可选用机械压（碾）实、堆载预压、土工排水带或砂井真空预压、换填垫层或复合地基等方法。

确定地基处理方法的步骤如下：

（1）根据结构类型、荷载大小及使用要求，结合地形地貌、地层结构、土质条件、地下水特征、环境情况和对邻近建筑等因素进行综合分析，初步选择几种地基处理方案。

（2）对初步确定的几种地基处理方案，分别从加固原理、适用范围、预期处理效果、耗用材料、施工机械、工期要求和环境影响等方面进行技术经济分析和对比，选择最佳地基处理方案。

（3）对已选定的地基处理方案，宜按建筑物地基基础设计等级和场地复杂程度，在有代表性的场地上进行相应的现场试验或试验性施工，并进行必要的测试，以检测设计参数和处理效果。如达不到设计要求时，应查明原因，修改设计参数或调整地基处理方法。

8.2　地基处理方法

地基处理的目的是针对软土地基，采取人工的方法改善地基土的工程性质，以满足上部工程对地基的要求。这些方法主要是提高地基土的抗剪强度，增大地基承载力，防止剪切破坏或减轻土压力；改善地基土压缩特性，减少不均匀沉降。

近年来，大量的土木工程实践推动了软弱土地基处理技术的迅速发展，地基处理的方法呈现多样化，地基处理的新技术、新理论不断涌现并日趋完善。地基处理已成为土木工程领域中一个较有生命力的分支。地基处理的主要方法、适用范围和加固原理见表8-1。

地基处理的主要方法、适用范围和加固原理　　　　　　　　　　表 8-1

地基处理方法	加固原理	适用范围
换土垫层法	用开挖后换好土回填的方法；对于厚度较小的淤泥质土层，也可采用抛石挤淤法。地基浅层性能良好的垫层，与下卧层形成双层地基。垫层可有效地扩散基底压力，提高地基承载力，减少沉降量	各种浅层的软弱土地基
振冲置换法	用振冲器在高压水的作用下边振、边冲，在地基中成孔，在孔内回填碎石料且振密成碎石桩。碎石桩柱体与桩间土形成复合地基，提高承载力，减少沉降量	黏性土、松散粉土和人工填土、湿陷性黄土地基等
强夯置换法	强夯时，采用在夯坑内回填块石、碎石挤淤置换的方法，形成碎石墩柱体，以提高地基承载力并减少沉降量	软弱土层较薄的地基
碎石桩法	用沉管法或其他技术，在软土中设置砂或碎石桩柱体，置换后形成复合地基，可提高地基承载力，降低地基沉降。同时，砂、石柱体在软黏土中形成排水通道，加速固结	一般软土地基
石灰桩法	软弱土中成孔后，填入生石灰或其他混合料，形成竖向石灰桩柱体，通过生石灰的吸水膨胀、放热以及离子交换作用改善桩柱体周围土体的性质，形成石灰桩复合地基，以提高地基承载力，减少沉降量	人工填土、软土地基
EPS 轻填法	聚苯乙烯泡沫塑料(EPS)重度只有土的 $1/100 \sim 1/50$，并具有较高的强度和低压缩性，用于填土料，可有效减少作用于地基的荷载，根据需要用于地基的浅层置换	软弱土地基上的填方工程
加载预压法	在预压荷载作用下，通过一定的预压时间，天然地基被压缩、固结，地基土的强度提高，压缩性降低。在达到设计要求后，卸去预压荷载，再建造上部结构，以保证地基稳定和变形满足要求。当天然土层的渗透性较低时，为了缩短渗透固结的时间，加速固结速率，可在地基中设置竖向排水通道，如砂井、排水板等。加载预压的荷载，一般可利用建筑物自身荷载、堆载或真空预压等	粉土、杂填土、冲填土等
堆载预压法	该处理方法的原理同加载预压法，但预压荷载超过上部结构的荷载。一般在保证地基稳定的前提下，超载预压方法的效果更好，特别是对降低地基次固结沉降十分有效	泥质黏性土和粉土
振动强夯法	用重量 $100 \sim 400kN$ 的夯锤，从高处自由落下，在强烈的冲击力和振动力作用下，地基土密实，可以提高承载力，减少沉降量	散碎石土、砂土、低饱和度粉土和黏性土、湿陷性黄土、杂填土和素填土地基
冲密实法	振冲器的强力振动，使得饱和砂层发生液化，砂粒重新排列，孔隙率降低；同时，利用振冲器的水平振冲力，回填碎石料使得砂层挤密，达到提高地基承载力，减小沉降的目的	黏粒含量少于 10% 的疏松散砂土地基
密碎(砂)石桩法	其施工方法与排水中的碎(砂)石桩相同，但是，沉管过程中的排土和振动作用，将桩柱体之间土体挤密，形成碎(砂)石桩柱体复合地基，达到提高地基承载力和减小地基沉降的目的	散砂土、杂填土、非饱和黏性土地基、黄土地基

地基处理方法	加固原理	适用范围
灰土桩法	采用沉管等技术,在地基中成孔,回填土或灰土形成竖向加固体,施工过程中通过排土和振动作用,挤密土体,形成复合地基,提高地基承载力,减小沉降量	地下水位以上的湿陷性黄土、杂填土、素填土地基
加筋土法	土体中加入起抗拉作用的筋材,如土工合成材料、金属材料等,通过筋土间作用,达到减小或抵抗土压力,调整基底接触应力的目的。可用于支挡结构或浅层地基处理	深层软弱土地基处理、挡土墙结构
锚固法	主要有土钉和土锚法,土钉加固作用依赖于土钉与其周围土间的相互作用;土锚则依赖于锚杆另一端的锚固作用,两者主要功能是减少或承受水平向作用力	边坡加固,土锚技术应用中,必须有可以锚固的土层、岩层或构筑物
竖向加固体复合地基法	在地基中设置小直径刚性桩、低强度等级混凝土桩等竖向加固体,如CFG桩、二灰混凝土桩等,形成复合地基,提高地基承载力,减少沉降量	软弱土地基,尤其是较深厚的软土地基
深层搅拌法	用深层搅拌机械,将固化剂(一般的无机固化剂为水泥、石灰、粉煤灰等)在原位与软弱土搅拌成桩柱体,可以形成桩柱体复合地基、格栅状或连续墙支挡结构。作为复合地基,可以提高地基承载力,减少变形;作为支挡结构或防渗,可以用作基坑开挖时,重力式支挡结构或深基坑的止水帷幕。水泥系深层搅拌法,一般有两大类方法,即喷浆搅拌法和喷粉搅拌法	软黏土地基,对于有机质较高的泥炭质土或泥炭、含水量很高的淤泥和淤泥质土,适用性宜通过试验确定
灌浆或注浆法	该方法包括渗入灌浆、劈裂灌浆、压密灌浆以及高压注浆等多种工法,浆液的种类较多	软弱土地基,岩石地基加固,建筑物纠偏等加固处理

但必须指出,很多地基处理方法具有多重加固处理的功能,例如碎石桩具有置换、挤密、排水和加筋的多重功能;石灰桩则具有挤密、吸水和置换等功能。

表8-1中的各类地基处理方法,均有各自的特点和作用机理,在不同的土类中产生不同的加固效果,但也存在局限性。地基的工程地质条件是千变万化的,工程对地基的要求也是不尽相同的,材料、施工机具和施工条件等也存在显著差别,没有哪一种方法是万能的。因此,对于每一工程必须进行综合考虑,通过方案的比选,选择一种技术可靠、经济合理、施工可行的方案,既可以是单一的地基处理方法,也可以是多种方法的综合应用。

8.3 换土垫层法

在冲刷较小的软土地基上,地基的承载力和变形达不到基础设计要求,当软土层不太厚(如不超过3m)时,可采用较经济、简便的换土垫层法进行浅层处理。即将软土部分或全部挖除,然后换填工程特性良好的材料,并予以分层压实,这种地基处理方法称为换填垫层法。垫层处治应达到增加地基持力层承载力,防止地基浅层剪切变形的目的。

换填的材料主要有砂、碎石、高炉干渣和粉煤灰等,应具有强度高、压缩性低、稳定性好和无侵蚀性等良好的工程特性。当软土层部分换填时,地基由垫层及(软弱)下卧层组成，用足够厚度的垫层置换可能被剪切破坏的软土层，使垫层底部的软弱下卧层满足承载力的要求，以达到加固地基的目的。按垫层回填材料的不同，可分为砂垫层、碎石垫层等。

换填垫层法设计的主要指标是垫层厚度和宽度，一般可近似地按砂垫层的计算方法进行垫层设计。

（1）砂垫层厚度的确定

砂垫层厚度计算实质上是软弱下卧层顶面承载力的验算，有多种计算方法。

一种方法是按弹性理论的土中应力分布公式计算。即将砂垫层及下卧土层视为一均质半无限弹性体，在基底附加应力作用下，计算不同深度的各点土中附加应力并加上土的自重应力，与之前介绍的规范方法计算地基土层随深度变化的容许承载力相同，并以此确定砂垫层的设计厚度，如图 8-1 所示。也可将加固后地基视为上层坚硬、下层软弱的双层地基，用弹性力学公式计算。

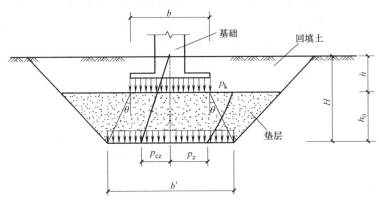

图 8-1 砂垫层及应力分布

另一种是我国目前常用的近似按应力扩散角进行计算的方法。即认为砂垫层以 θ 角向下扩散基底附加压力，到砂垫层底面（下卧层顶面）处的土中附加压应力与土中自重应力之和不超过该处下卧层顶面地基深度修正后的容许承载力，即：

$$\sigma_H \leqslant [\sigma_H] \tag{8-1}$$

式中，$[\sigma_H]$ 为下卧层顶面处地基的容许承载力，通常只进行下卧层顶面深度修正，而压应力 σ_H 的大小与基底附加压力、垫层厚度、材料重度等有关。

若考虑平面为矩形的基础，在基底平均附加应力 σ 作用下，基底下土中附加压应力按扩散角 θ 通过砂垫层向下扩散到软弱下卧层顶面，并假定此处产生的压应力平面呈梯形分布（图 8-2）（在空间呈六面体形状分布），根据力的平衡条件可得到：

$$lb\sigma = \left[(b+h_s\tan\theta)l + bh_s\tan\theta + \frac{4}{3}(h_s\tan\theta)^2\right]\sigma_h$$

则该处下卧层顶面的附加压应力 σ_h 为：

$$\sigma_h = \frac{lb\sigma}{lb + \left(l+b+\frac{4}{3}h_s\tan\theta\right)h_s\tan\theta} \tag{8-2}$$

式中　l——基础的长度（m）；

b——基础的宽度（m）；

h_s——砂垫层的厚度（m）；

σ——基底处的附加应力（kPa）；

θ——砂垫层的压应力扩散角，一般取 $35°\sim45°$，根据垫层材料选用。

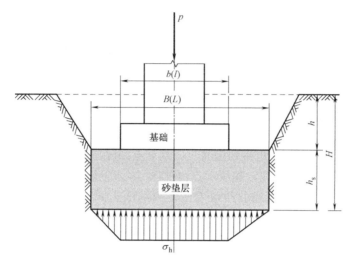

图 8-2　砂垫层应力扩散图

砂垫层底面下的下卧层同时还受到垫层及基坑回填土重力的作用，所以

$$\sigma_H = \sigma_h + \gamma_s h_s + \gamma h \tag{8-3}$$

式中　γ_s、γ——分别为砂垫层、回填土的重度（kN/m³），水下时按浮重度计算；

h——基坑回填土厚度（m）。

由式（8-1）～式（8-3）可得到砂垫层所需厚 h_s。h_s 不宜小于 1m 或超过 3m，垫层过薄，作用不明显，过厚需挖深坑，费工耗料，经济上、技术上往往不合理。当地基土软且厚或基底压力较大时，应考虑其他加固方案。

（2）砂垫层平面尺寸的确定

砂垫层底平面尺寸应为：

$$\begin{cases} L = l + 2h_s\tan\theta \\ B = b + 2h_s\tan\theta \end{cases} \tag{8-4}$$

式中，L、B 分别为砂垫层底平面的长及宽，一般情况下砂垫层顶面尺寸按此确定，以防止承受荷载后垫层向两侧软土挤动。

（3）基础最终沉降量的计算

砂垫层上基础的最终沉降量是由垫层本身的压缩量 S_s 与软弱下卧层的沉降量 S_l 所组成，即 $S = S_s + S_l$。由于砂垫层压缩模量比软弱下卧层大得多，其压缩量小且在施工阶段基本完成，实际可以忽略不计。S_s 也可按下式求得：

$$S_s = \frac{\sigma + \sigma_H}{2} \cdot \frac{h_s}{E_s} \tag{8-5}$$

式中　E_s——砂垫层的压缩模量，可由实测确定，一般为 12000～24000kPa；

$\dfrac{\sigma + \sigma_H}{2}$——砂垫层内的平均压应力。

S_l 可按有关章节介绍的方法计算。S 的计算值应符合建筑物容许沉降量的要求，否则应加厚垫层或考虑其他加固方案。

8.4 排水固结法

饱和软黏土地基在荷载作用下，孔隙中的水慢慢排出，孔隙体积慢慢地减小，地基发生固结变形。同时，随着超静孔隙水压力逐渐消散，地基土的强度逐渐增长。现以图 8-3 为例，说明排水固结法使地基土密实、强化的原理。如图 8-3 （a） 所示，当土样的天然有效固结压力为 σ_0' 时，孔隙比为 e_0，随着有效应力逐渐提高，$e\text{-}\sigma_c'$ 曲线上相应为 a 点，当压力增加 $\Delta\sigma'$，固结终了时孔隙比减少 Δe，相应点为 c 点，曲线 abc 为压缩曲线，与此同时，抗剪强度与固结压力成比例地由 a 点提高到 c 点，说明土体在受压固结时，孔隙比减小产生压缩的同时，抗剪强度也得到提高。如从 c 点卸除压力 $\Delta\sigma'$，则土样发生回弹，图 8-3 （a） 中 cef 为卸荷回弹曲线，如从 f 点再加压 $\Delta\sigma'$，土样再压缩至 c，其相应的强度包线如图 8-3 （b） 所示。从再压缩曲线可看出，固结压力同样增加 $\Delta\sigma'$ 而孔隙比减小值为 $\Delta e'$，$\Delta e'$ 比 Δe 小得多。这说明如在建筑场地上先加一个和上部结构相同的压力进行加载预压使土层固结，然后卸除荷载，再施工建筑物，可以使地基沉降减少，如进行超载预压（预压荷载大于建筑物荷载）其效果将更好，但预压荷载不应大于地基土的容许承载力。排水固结法加固软土地基是一种比较成熟、应用广泛的方法，它主要解决沉降和稳定问题。

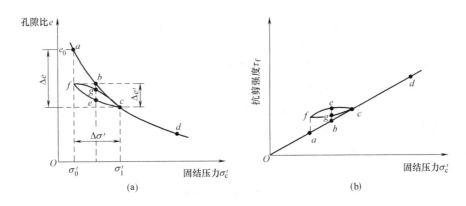

图 8-3 室内压缩试验说明排水固结法原理

（a） $e\text{-}\sigma_c'$ 曲线；（b） $\tau_f\text{-}\sigma_c'$ 曲线

8.4.1 砂井堆载预压法

软黏土渗透系数很低，为了缩短加载预压后排水固结的时间，对较厚的软土层，常在地基中设置排水通道，使土中孔隙较快排出水。可在软黏土中设置一系列的竖向排水通道（砂井、袋装砂井或塑料排水板），在软土顶层设置横向排水砂垫层，如图 8-4 所示，以此缩短排水路程，增加排水通道，改善地基渗透性能。

1. 砂井地基的设计

砂井地基的设计主要包括选择适当的砂井直径、间距、深度、排列方式、布置范围以及形成砂井排水系统所需的材料、砂垫层厚度等，使地基在堆载预压过程中，在预期的时间内，达到所需要的固结度（通常为80%）。

（1）砂井的直径和间距：砂井的直径和间距主要取决于土的固结特性和施工工期的要求。从原则上讲，为达到相同的固结度，缩短砂井间距比增加砂井直径效果要好，即以"细而密"为佳，不过，考虑到施工的可操作性，普通砂井的直径为300～500mm。砂井的间距可根据地基土的固结特征和预定时间内所要求达到的固结度确定，间距可按直径的6～8倍选用。

（2）砂井深度：砂井深度主要根据土层的分布、地基中的附加应力大小、施工期限和条件及地基稳定性等因素确定。当软土不厚（一般为10～20m）时，要尽量穿过软土层达到砂层；当软土过厚（超过20m），不必打穿黏土，可根据建筑物对地基的稳定性和变形的要求确定。对以地基抗滑稳定性控制的工程，竖井深度应超过最危险滑动面2.0m以上。

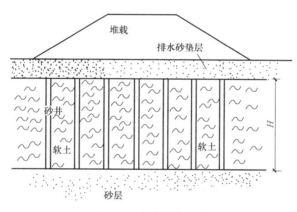

图 8-4　砂井堆载预压

（3）砂井排列：砂井的平面布置可采取正方形或等边三角形（图8-5），在大面积荷载作用下，认为每个砂井均起独立排水作用。为了简化计算，将每个砂井平面上的排水影响面积以等面积的圆来代替，可得一根砂井的有效排水圆柱体的直径 d_e 和砂井间距 l 的关系。

（4）等边三角形布置

$$d_e = \sqrt{\frac{2\sqrt{3}}{\pi}} l = 1.05 l \tag{8-6}$$

正方形布置

$$d_e = \sqrt{\frac{4}{\pi}} l = 1.128 l \tag{8-7}$$

（5）砂井的布置范围：由于在基础以外一定的范围内仍然存在压应力和剪应力，所以砂井的布置范围应比基础范围大，一般由基础的轮廓线向外增加2～4m。

（6）砂料：砂料宜用中、粗砂，必须保证良好的透水性，含泥量不应超过3%，渗透系数应大于 10^{-3}cm/s。

（7）砂垫层：为了使砂井有良好的排水通道，砂井顶部应铺设砂垫层，垫层砂料粒度和砂井砂料相同，厚度一般为0.5～1m。

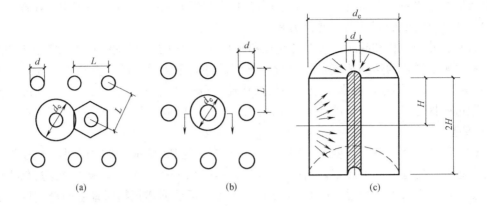

图 8-5　砂井的平面布置及固结渗透途径

2. 砂井地基固结度的计算

砂井固结理论采取了下列的假设条件：

①地基土是饱和的，固结过程是土中孔隙水的排出过程；②地基表面承受连续均匀的一次施加的荷载；③地基土在该荷载作用下仅有竖向的压密变形，整个固结过程中地基土渗透系数不变；④加荷开始时，所有竖向荷载全部由孔隙水承受。

采用砂井的地基固结度计算属于三维问题。在轴对称条件下的单元井固结问题，可采用 Redulic-Terzaghi 固结理论，其表达式为：

$$\frac{\partial u}{\partial t}=C_\mathrm{v}\frac{\partial^2 u}{\partial z^2}+C_\mathrm{r}\left(\frac{\partial^2 u}{\partial r^2}+\frac{1}{r}\frac{\partial u}{\partial r}\right) \tag{8-8}$$

式中　C_v、C_r——分别为地基的竖向和水平向固结系数（m/s²）；

　　　r、z——分别为距离砂井中轴线的水平距离和深度（m）。

为了求解方便，采用了分离变量原理，设 $u=u_z u_r$，则式（8-8）可分解成：

$$\frac{\partial u_\mathrm{z}}{\partial t}=C_\mathrm{v}\frac{\partial^2 u}{\partial z^2} \tag{8-9a}$$

$$\frac{\partial u_\mathrm{r}}{\partial t}=C_\mathrm{r}\left(\frac{\partial^2 u}{\partial r^2}+\frac{1}{r}\frac{\partial u}{\partial r}\right) \tag{8-9b}$$

可以采用 Terzaghi 法求解式（8-9a），其固结度的计算公式为：

$$U_\mathrm{z}=1-8\sum_{i=0}^{\infty}\frac{\exp(-A_i^2 C_\mathrm{v}t/(2L)^2)}{A_i^2}$$

其中　　　　　　　　　　$A_i=\pi(2i+1) \tag{8-10}$

式（8-9b）已由 Barron（1948）根据等应变条件解出，其水平向固结度的计算公式为：

$$U_\mathrm{r}=1-\exp\left(-\frac{8T_\mathrm{r}}{F_\mathrm{n}}\right) \tag{8-11}$$

其中

$$T_\mathrm{r}=\frac{C_\mathrm{r}t}{d_\mathrm{e}^2}$$

$$F_\mathrm{n}=\frac{n^2}{n^2-1}\ln n-\frac{3n^2-1}{4n^2}$$

144

以上式中 T_r——水平向固结的时间因素；

t——固结时间（s）；

L——砂井垂直长度（竖向排水距离）（m）；

n——井径比，$n = d_e/d_w$；

d_e、d_w——分别为砂井的有效排水直径（m）和砂井直径（m）。

根据前述的分离变量原理 $u = u_z u_r$，则整个土层的平均超静孔隙水压力为：

$$\overline{u} = \overline{u}_z \overline{u}_r$$

同理，对起始孔隙水压力值的平均值仍然有：

$$\overline{u}_0 = \overline{u}_{0z} \overline{u}_{0r}$$

上述两式相除后，可得到：

$$\frac{\overline{u}}{\overline{u}_0} = \frac{\overline{u}_r}{\overline{u}_{0r}} \frac{\overline{u}_z}{\overline{u}_{0z}}$$

再根据固结度的概念，土层的平均固结度为：

$$U_t = 1 - \frac{\overline{u}}{\overline{u}_0} \text{ 或 } \frac{\overline{u}}{\overline{u}_0} = 1 - U_t$$

同理，可得竖向和径向平均固结度为：

$$U_r = 1 - \frac{\overline{u}_r}{\overline{u}_{0r}} \text{ 或 } \frac{\overline{u}_r}{\overline{u}_{0r}} = 1 - U_r \tag{8-12a}$$

$$U_z = 1 - \frac{\overline{u}_z}{\overline{u}_{0z}} \text{ 或 } \frac{\overline{u}_z}{\overline{u}_{0z}} = 1 - U_z \tag{8-12b}$$

从式（8-12a）或式（8-12b）可得：

$$1 - U_t = (1 - U_r)(1 - U_z) \text{ 或 } U_t = 1 - (1 - U_r)(1 - U_z) \tag{8-13}$$

式（8-13）即 Carrillo（1942）原理。根据这一原理，以及上述 Terzaghi 和 Barron 的解答，则可计算出砂井地基的平均固结度。

为了实际应用方便，将式（8-11）中 T_r 与 U_r、n 的函数关系制成表 8-2 以供查用。

水平向固结的时间因素 T_r　　　　　　　　　　　　　　　　　　表 8-2

U_r \ n	0.1	0.2	0.3	0.4	0.5	0.6	0.7	0.8	0.9
4	0.0098	0.0208	0.0331	0.0475	0.0642	0.0852	0.1118	0.1500	0.2140
5	0.0122	0.0260	0.0413	0.0590	0.0800	0.1065	0.1390	0.1870	0.2680
6	0.0144	0.0306	0.0490	0.0700	0.0946	0.1254	0.1648	0.2210	0.3160
7	0.0163	0.0356	0.0552	0.0790	0.1070	0.1417	0.1860	0.2490	0.3560
8	0.0180	0.0383	0.0610	0.0875	0.1182	0.1570	0.2060	0.2760	0.3950
9	0.0196	0.0416	0.0664	0.0950	0.1287	0.1705	0.2230	0.3000	0.4380
10	0.0206	0.0440	0.0700	0.1000	0.1367	0.1800	0.2360	0.3160	0.4530
11	0.0220	0.0467	0.0746	0.1070	0.1446	0.1920	0.2520	0.3380	0.4820
12	0.0230	0.0490	0.0780	0.1120	0.1518	0.2008	0.2630	0.3530	0.5050
13	0.0239	0.0507	0.0810	0.1160	0.1570	0.2080	0.2730	0.3660	0.5240
14	0.0250	0.0531	0.0848	0.1215	0.1663	0.2186	0.2860	0.3830	0.5480

【例 8-1】 某饱和软黏性土层，厚 8m，其下为砂层，打穿软黏土到达砂层的砂井直径为 0.3m，平面布置为梅花形，间距 $l=2.4$m；软黏土在 150kPa 均布压力下的竖向固结系数 $C_v=0.15$mm²/s，水平向固结系数 $C_r=0.29$mm²/s，求 1 个月时的固结度。

【解】

地基上设置砂垫层，该情况为两面排水。

$$H=8/2=4\text{m}$$

$$T_v=\frac{C_v}{H^2}t=\frac{0.15\times30\times86400}{4000^2}=0.024$$

$$U_z=1-\frac{8}{\pi^2}\exp\left(-\frac{\pi^2}{4}T_v\right)=1-\frac{8}{3.14^2}\exp\left(-\frac{3.14^2}{4}\times0.024\right)=0.235$$

径向排水固结度 U_r 的计算

$$d_e=2400\times1.050=2520\text{mm}\qquad n=\frac{2520}{300}=8.4$$

$$T_r=\frac{C_r}{d_e^2}t=\frac{0.29\times30\times86400}{2520^2}=0.1184$$

$$F_n=\frac{8.4^2}{8.4^2-1}\ln8.4-\frac{3\times8.4^2-1}{4\times8.4^2}=1.014\times2.13-0.746=1.414$$

$$U_r=1-\exp\left(-\frac{8}{F_n}T_n\right)=1-\exp\left(-\frac{8}{1.414}\times0.1184\right)=1-0.51=49\%$$

砂井地基总平均固结度 $U_t=1-(1-0.235)\times(1-0.49)=1-0.39=61\%$

不打砂井，依靠上下砂层固结排水，1 个月地基固结度仅 23.5%，设砂井后地基固结度为 61%。

以上介绍的径向排水固结理论，假定初始孔隙水压力在砂井深度范围内为均匀分布，即只有荷载分布面积的宽度大于砂井长度时才能满足，并认为预压荷载是一次施加的，如荷载分级施加，也应对以上固结理论予以修正。

对于未打穿软黏土层的固结度计算，因边界条件不同（需考虑砂井以下软黏土层的固结度），不能简单套用式（8-13），可以按下式近似计算其平均固结度：

$$U=\eta U_t+(1-\eta)U_z' \tag{8-14}$$

式中　U——整个受压土层平均固结度；

　　　η——砂井深度 L 与整个饱和软黏性土层厚度 H 的比值，$\eta=\dfrac{L}{H}$；

　　　U_t——砂井深度范围内土的固结度，按式（8-13）计算；

　　　U_z'——砂井以下土层的固结度，按单向固结理论计算，近似将砂井底面作为排水面。

砂井的施工工艺与砂桩大体相似，具体参照砂桩的施工工艺。

8.4.2　袋装砂井和塑料排水板预压法

用砂井法处理软土地基，如地基土变形较大或施工质量稍差常会出现砂井被挤压截断，不能保持砂井在软土中排水通道的畅通，影响加固效果。近年来出现在砂井的基础上，以袋装砂井和塑料排水板代替普通砂井的方法，避免了砂井不连续的缺点，且施工简便，加快了地基固结，节约用砂，在工程中得到广泛应用。

1. 袋装砂井预压法

目前国内应用的袋装砂井直径一般为 70～120mm，间距为 1.0～2.0m（井径比 n 取 15～20）。砂袋可采用聚丙烯或聚乙烯等长链聚合物编织制成，应具有足够的抗拉强度、耐腐蚀、对人体无害等特点。装砂后砂袋的渗透系数不应小于砂的渗透系数。灌入砂袋的砂应为中、粗砂并振捣密实。砂袋留出孔口长度应保证伸入砂垫层至少 300mm，并不得卧倒。

袋装砂井的设计理论、计算方法与普通砂井基本相同，已有相应的定型埋设机械，与普通砂井相比，其优点是：施工工艺和机具简单、用砂量少；间距较小，排水固结效率高，井径小，成孔时对软土扰动小，有利于地基土的稳定，有利于保持其连续性。

2. 塑料排水板预压法

塑料排水板预压法是将塑料排水板用插板机插入加固的软土中，然后在地面加载预压，使土中水沿塑料板的通道逸出，经砂垫层排除，从而加速地基固结。

塑料板排水与砂井比较具有如下优点：

（1）塑料板由工厂生产，材料质地均匀可靠，排水效果稳定；

（2）塑料板重量轻，便于施工操作；

（3）施工机械轻便，能在超软弱地基上施工；施工速度快，费用少。

塑料排水板所用材料、制造方法不同，结构也不同，基本上分为两类：一类是用单一材料制成的多孔管道的板带，表面刺有许多微孔（图 8-6）；另一类是两种材料组合而成，板芯为各种规律变形断面的芯板或乱丝、花式丝的芯板，外面包裹一层无纺土工织物滤套（图 8-7）。

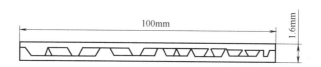

图 8-6　多孔单一结构型塑料排水

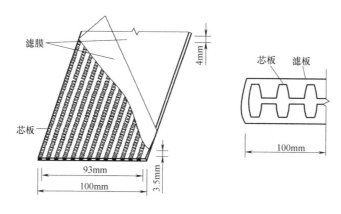

图 8-7　复合结构塑料排水板

塑料排水板预压法可采用砂井加固地基的固结理论和设计计算方法计算。计算时应将塑料板换算成相当直径的砂井，根据两种排水体与周围土接触面积相等原理进行换算，当量换算直径 d_p 为：

$$d_\mathrm{p} = \frac{2(b+\delta)}{\pi} \qquad (8\text{-}15)$$

式中 b——塑料板宽度（mm）；

δ——塑料板厚度（mm）。

目前应用的塑料排水板产品成卷包装，每卷长约数百米。用专门的插板机插入软土地基，先在空心套管装入塑料排水板，并将其一端与预制的专用钢靴连接，插入地基下预定标高处，拔出空心套管。由于土对钢靴的阻力，塑料板留在软土中，在地面将塑料板切断，即可移动插板机进行下一个循环作业。

8.4.3 天然地基堆载预压法

天然地基堆载预压法是在建筑物施工前，用与设计荷载相等（或略大）的预压荷载（如砂、土、石等重物）堆压在天然地基上使地基软土得到压缩固结以提高其强度（也可以利用建筑物本身的重量分级缓慢施工），减少工后的沉降量，待地基承载力、变形达到设计预期要求后，将预压荷载撤除，在经预压的地基上修建建筑物。此方法费用较少，但工期较长。如软土层不太厚，或软土中夹有多层细、粉砂夹层，渗透性能较好，不需很长时间就可获得较好预压效果时可采用，否则排水固结时间很长，应用就受到限制。此法设计计算可采用一维固结理论。

8.4.4 真空预压法和降低水位预压法

真空预压法实质上是以大气压作为预压荷重的一种预压固结法（图 8-8）。在需要加固的软土地基表面铺设砂垫层，然后埋设垂直排水通道（普通砂井、袋装砂井或塑料排水

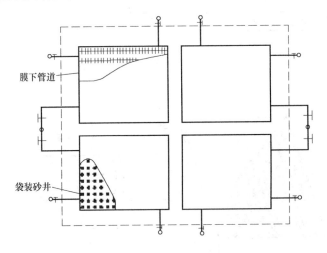

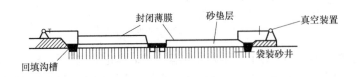

图 8-8 真空预压工艺平面图和剖面图

板），再用不透气的封闭薄膜覆盖软土地基，使其与大气隔绝，将薄膜四周埋入土中，通过砂垫层内埋设的吸水管道，用真空泵进行抽气，形成真空。当真空泵抽气时，先后在地表砂垫层及竖向排水通道内逐渐形成负压，使土体内部与排水通道、垫层之间形成压力差。在此压力差作用下，土体中的孔隙水不断排出，从而使土体固结。

降低水位预压法是借井点抽水降低地下水位，以增加土的自重应力，达到预压目的。其降低地下水位原理、方法和需要的设备与井点法基坑排水基本相同。地下水位降低使地基中的软弱土层承受了相当于水位下降高度水柱的重量而固结，增加了土中的有效应力。这一方法最适用于渗透性较好的砂土或粉土或在软黏土层中存在砂土层的情况，使用前应掌握土层分布及地下水位情况等。

采用各种排水固结方法加固后的地基，均应进行质量检验。可采用十字板剪切试验、旁压试验、荷载试验或常规土工试验等检验方法，以测定其加固效果。

8.5 挤（振）密法

在不发生冲刷或冲刷深度不大的松散土地基（包括松散中、细、粉砂土，粉土，松散细粒炉渣，杂填土以及 $I_L<1$、孔隙比接近或大于 1 的含砂量较大的松软黏性土），如其厚度较大，用砂垫层处理施工困难时，可考虑采用砂桩深层挤密法，以提高地基承载力，减少沉降量和增强抗液化能力。对于厚度大的饱和软黏土地基，由于土的渗透性小，此方法不易将土挤密实，还会破坏土的结构强度，主要起到置换作用，加固效果不大，宜考虑采用其他加固方法，如砂井预压、高压喷射、深层搅拌法等。

下面介绍常用的挤密砂桩法、夯（压）实法和振冲法。

8.5.1 挤密砂桩法

挤密砂（或砂石）桩法是用振动、冲击或打入套管等方法在地基中成孔（孔径一般为 $300\sim600\text{mm}$），然后向孔中填入含泥量不大于 5% 的中、粗砂、粉、细砂料，应同时掺入 25%～35% 碎石或卵石，再加以夯挤密实形成土中桩体从而加固地基的方法。对松散的砂土层，砂桩的加固机理有挤密作用、排水减压作用和砂土地基预振作用，对于松软黏性土地基，主要通过桩体的置换和排水作用加速桩间土的排水固结，并形成复合地基，提高地基的承载力和稳定性，改善地基土的力学性质。对于砂土与黏性土互层的地基及冲填土，砂桩也能起到一定的挤实加固作用。

挤密砂桩的设计方法如下：

1. 砂土加固范围的确定

砂桩加固的范围 $A(\text{m}^2)$ 必须稍大于基础的面积（图 8-9），一般应自基础向外加大不少于 0.5m 或 0.1b（b 为基础短边的宽度，以"m"计）。一般认为砂（石）桩挤密地基的宽度应超出基础宽度，每边宽度不少于 1～3 排；用于防止砂土液化时，每边放宽不宜少于处理深度的 1/2，且不小于 5m；当可液化层上覆盖有厚度大于 3m 的非液化土层时，每边放宽不应小于液化层厚度的 1/2，并不应小于 3m。

2. 所需砂桩的面积 A_1

A_1 的大小除与加固范围 A 有关外，主要与土层加固后所需达到的地基容许承载力相

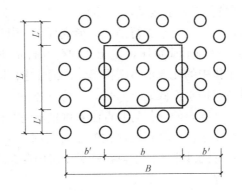

图 8-9　砂桩加固的平面布置

对应的孔隙比有关。图 8-10 表示砂桩加固后的地基。假设砂桩加固前地基土的孔隙比为 e_0，砂土加固范围为 A，加固后土孔隙比为 e_1。从加固前后的地基中取相同大小的土样，加固前后原地基土颗粒所占体积不变，由此可得所需砂桩的面积 A_1（m^2）为：

$$A_1 = \frac{e_0 - e_1}{1 + e_0} A \tag{8-16}$$

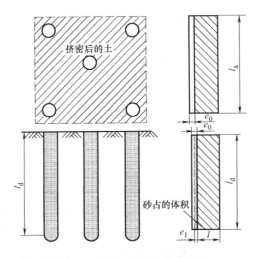

图 8-10　砂桩加固后的地基情况

砂土：

$$e_1 = e_{\max} - D_r (e_{\max} - e_{\min})$$

式中，$e_{\max}$ 及 $e_{\min}$ 由相对密度试验确定，D_r 根据地质情况、荷载大小及施工条件选择，可取 $0.7 \sim 0.85$；

饱和黏性土：

$$e_1 = d_s [w_P - I_L (w_L - w_P)]$$

式中　d_s——土粒的比重；

w_L、w_P——分别为土的液限和塑限；

I_L——液性指数，黏土可取 0.75，粉质黏土取 0.5。

对粉土，根据试验资料 $e_1 = 0.6 \sim 0.8$，砂质粉土取较低值，黏质粉土取较高值。e_1

值也可根据加固后地基要求的承载力或抗液化能力确定。

3. 砂桩根数

确定 A_1 后，可根据施工设备的能力、地基的类型和地基处理的加固要求，确定砂桩的直径 d(m)。目前国内实际采用的砂桩直径一般为 $0.3\sim0.6$m，由此求出砂桩根数 n，则砂桩根数为：

$$n=\frac{4A_1}{\pi d^2} \tag{8-17}$$

4. 砂桩的布置及其间距

为了使挤密作用比较均匀，砂桩可按正方形、梅花形或等边三角形布置，也可以为其他形式，如放射形等。

当布置为梅花形时，如图 8-11 所示，Δabc 为挤密前软土，面积为 A，被砂桩挤密后该面积内的松软土被挤压到阴影所示的部分。砂桩面积 A_1 为：

$$A_1=3\times\left[\frac{1}{6}\left(\frac{\pi d^2}{4}\right)\right]=\frac{\pi d^2}{8}=\left(\frac{e_0-e_1}{1+e_0}\right)A$$

将 Δabc 的面积 $A=\frac{\sqrt{3}}{4}l^2$ 代入上式得：

$$l=0.952d\sqrt{\frac{1+e_0}{e_0-e_1}} \tag{8-18}$$

式中，l 为砂桩的间距（m），一般为 $(3\sim5)d$。

当布置为正方形时，同理可得：

$$l=0.887d\sqrt{\frac{1+e_0}{e_0-e_1}} \tag{8-19}$$

在工程实践中，除了理论计算外，常通过现场试验确定砂桩的间距及加固效果。

5. 砂桩长度

如软弱土层不是很厚，砂桩一般应穿透软土层，如软弱土层很厚，砂桩长度可按桩底承载力和沉降量的要求，根据地基的稳定性和变形验算确定。

6. 砂桩的灌砂量

为保证砂桩加固后地基达到设计要求的承载力，

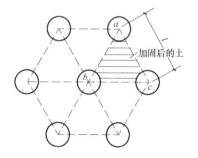

图 8-11 按梅花形布置砂桩

每根桩应灌入足够的砂量 Q（kN），以保证加固后土的密实度达到设计要求。则每根砂桩的灌砂量为：

$$Q=(A_1\times l)\gamma=\frac{A_1 l d_s}{1+e}(1+0.01w)\gamma_w \tag{8-20}$$

式中　A_1——砂桩面积（m²）；

　　　l——砂桩长度（m）；

　　　γ——加固后的孔隙比 e_1 的砂桩内砂土重度（kN/m³）；

　　　γ_w——水的重度（kN/m³）；

　　　w——灌入砂的含水量（以百分数计）；

d_s——土颗粒比重。

计算所得灌砂量是理论计算值，应考虑各种可能损耗，备砂量应大于此值。

砂桩用于加固黏性土时，地基承载力应按复合地基计算或复核，并在需要时进行沉降验算。

砂桩施工可采用振动式或锤击式成孔。振动式是靠振动机的垂直上下振动作用，把带桩靴或底盖的钢套管打入土中成孔，填入砂料振动密实成桩（一边振动一边拔出套管）。锤击式是将钢套管打入土中，其他工艺与振动式基本相同，但灌砂成桩和扩大是用内管向下冲击而成。

筑成的砂桩必须保证的质量要求为：砂桩必须上下连续，确保设计长度；每单位长度砂桩投砂量应保证；砂桩位置的允许偏差不大于一个砂桩直径，垂直度允许偏差不大于1.5%；加固后地基承载力可用静载试验确定，桩及桩间土的挤密质量可采用标准贯入法、动力触探法、静力触探法等进行检测。

除用砂作为挤密填料外，还可用碎石、石灰、二灰（石灰、粉煤灰）、素土等填实桩孔。石灰、二灰能吸水膨胀并发生化学反应从而挤密软弱土层。这类桩的加固原理、设计方法与砂桩挤密法相同。

8.5.2 夯（压）实法

对砂土地基及含水量在一定范围内的软弱黏性土采用夯（压）实法可提高其密实度和强度，减少沉降量。此方法也适用于加固杂填土和黄土等。按夯实手段的不同可对浅层或深层土起加固作用，浅层处理的换土垫层法需要分层压实填土，常用的压实方法是碾压法、夯实法和振动压实法。还有浅层处理的重锤夯实法和深层处理的强夯法（也称动力固结法）。

1. 重锤夯实法

重锤夯实法是运用起重机械将重锤（一般不轻于15kN）提到一定高度（3~4m）然后锤自由落下，这样重复夯击地基，使其表层（在一定深度内）夯击密实而提高强度。它适用于砂土、稍湿的黏性土、部分杂填土、湿陷性黄土等，是一种浅层的地基加固方法。

重锤常为一截头圆锥体（图8-12），重量为15~30kN，锤底直径0.7~1.5m，锤底面自重静压力约为15~25kPa，落距一般为2.5~4.0m。

重锤夯实的有效影响深度与锤重、锤底直径、落距及地质条件有关。根据国内某地经验，一般砂土，当锤重为15kN，锤底直径1.15m，落距3~4m时，夯击6~8遍，夯击有效深度约为1.10~1.20m。为达到预期加固密实度和深度，应在现场进行试夯，确定需要的落距、夯击遍数等。夯击时，土的饱和度不宜太高，地下水位应低于击实影响深度，在此深度范围内也不应有饱和的软弱下卧层，否则会出现"橡皮土"现象，严重影响夯实效果，含水量过低消耗夯击功能较大，往往达不到预期效果。一般含水量应尽量接近击实土的最佳含水量或控制在塑液限之间而稍接近塑限，也可由试夯确定含水量与锤击功能的规律，以求能用较少的夯击遍数达到预期的设计加固深度和密实度，从而指导施工。一般夯击遍数不宜超过8~12遍，否则应考虑增加锤重、落距或调整土层含水量。重锤夯实法加固后的地基应经静载试验确定其承载力，必要时还应对软弱下卧层承载力及地基沉降进行验算。

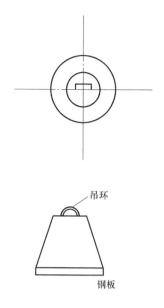

图 8-12　夯锤

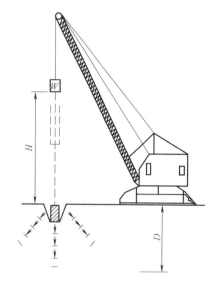

图 8-13　强夯法示意图

2. 强夯法

强夯法，也称为动力固结法，是一种将较大的重锤（一般约为 $80\sim400\text{kN}$，最重达 2000kN）从 $6\sim20\text{m}$ 高处（最高达 40m）自由落下，对较厚的软土层进行强力夯实的地基处理方法，如图 8-13 所示。它的显著特点是夯击能量大，影响深度大。其具有工艺简单、施工速度快、费用低、适用范围广、效果好等优点。强夯法适用于碎石类土、砂类土、杂填土、低饱和粉土和黏土、湿陷性黄土等地基的加固。对于高饱和软黏土（淤泥及淤泥质土）强夯处理效果较差，但若结合夯坑内回填块石、碎石或其他粗粒料，强行夯入形成复合地基（称为强夯置换或动力挤淤），处理效果较好。强夯法虽然在实践中已被证实是一种较好的地基处理方法，但其加固机理有待研究。根据土的类别，按施工工艺的不同强夯加固分为三种加固机理。

（1）动力挤密：在冲击型荷载作用下，在多孔隙、粗颗粒、非饱和土中，土颗粒相对位移，孔隙中气体被挤出，使得土体的孔隙减小、密实度增加、强度提高以及变形减小，如图 8-14 所示。

（2）动力固结：在饱和的细粒土中，土体在夯击能量作用下产生孔隙水压力使土体结构被破坏，土颗粒间出现裂隙，形成排水通道，渗透性改变，随着孔隙水压力的消散土开始密实，抗剪强度、变形模量增大。在夯击过程中伴随土中气体体积的压缩，触变的恢复，黏粒结合水向自由水转化。

（3）动力置换：在饱和软黏土特别是淤泥及淤泥质土中，通过强夯将碎石填充于土体中，形成复合地基，从而提高地基的承载力。

强夯法的设计方法如下：

（1）有效加固深度

强夯的有效加固深度影响因素很多，有锤重、锤底面积和落距，还有地基土性质、土层分布、地下水位以及其他有关设计参数等。我国常采用的是修正国外经验公式得到的估

153

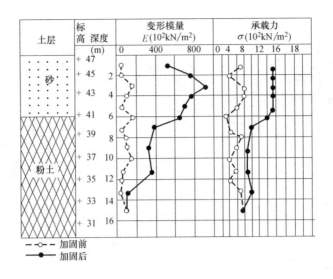

| 土层 | 标高 深度 (m) | 变形模量 $E(10^2kN/m^2)$ 0 400 800 | 承载力 $\sigma(10^2kN/m^2)$ 0 4 8 12 16 18 |

图 8-14　某工程土层强夯前后强度提高的测定情况

——○—— 加固前
——●—— 加固后

算公式：

$$H=\alpha\sqrt{Mh} \tag{8-21}$$

式中　H——有效加固深度（m）；

　　　M——锤重（以 10kN 为单位）；

　　　h——落距（m）；

　　　α——对不同土质的修正系数，参见表 8-3。

修正系数 α 表 8-3

土的名称	黄土	黏性土、粉土	砂土	碎石土(不包括块石、漂石)	块石、矿渣	人工填土
α	0.45~0.60	0.55~0.65	0.65~0.70	0.60~0.75	0.49~0.50	0.55~0.75

　　式（8-21）未反映土的物理力学性质的差别，仅作参考，应根据现场试夯或当地经验确定，缺乏资料时也可按相关规范提供的数据预估。

　　（2）强夯的单位夯击能

　　单位夯击能指单位面积上所施加的总夯击能，它的大小应根据地基土的类别、结构类型、荷载大小和处理的深度等综合考虑，并通过现场试夯确定。对于粗粒土可取 1000～4000kN·m/m²；对细粒土可取 1500～5000kN·m/m²。夯锤底面积，对砂类土一般为 3～4m²，对黏性土不宜小于 6m²。夯锤底面静压力值可取 24～40kPa，强夯置换锤底静压力值可取 40～200kPa。

　　（3）夯击次数与遍数

　　夯击次数应根据现场试夯的夯击次数和夯沉量关系曲线以及最后两击夯沉量之差并结合现场具体情况确定。施工的合理夯击次数，应取单击夯沉量开始趋于稳定时的累计夯击次数，且这一稳定的单击夯沉量可用作施工时收锤的控制夯沉量。但必须同时满足：

① 最后两击的平均夯沉量不大于 50mm，当单击夯击能量较大时应不大于 100mm，当单击夯击能大于 6000kN·m 时不大于 200mm；

② 夯坑周围地基不应发生过大的隆起；

③ 不因夯坑过深而发生起锤困难。

各试夯点的夯击数，应使土体竖向压缩最大，而侧向位移最小，一般为 5～15 击。夯击遍数一般为 2～3 遍，最后再以低能量满夯 1 遍。

（4）间歇时间：对于多遍夯击，两遍夯击之间应有一定的时间间隔，主要取决于加固土层孔隙水压力的消散时间。对于渗透性较差的黏性土地基的间隔时间，应不小于 3～4 星期，渗透性较好的地基可连续夯击。

（5）夯点布置及间距：夯点的布置一般为正方形、等边三角形或等腰三角形，处理范围应大于基础范围，宜超出 1/2～2/3 的处理深度，且不宜小于 3m。夯击点间距应根据地基土的性质和要求处理的深度来确定。一般第一遍夯击点间距可取 5～9m，第二遍夯击点位于第一遍夯击点之间，以后各遍夯击点间距可与第一遍相同，也可适当减小。

强夯法施工前，应先在现场进行原位试验（旁压试验、十字板试验、触探试验等），取原状土样测定含水量、塑限液限、粒度成分等，然后在实验室进行动力固结试验或现场进行试验性施工，获得有关数据。为按设计要求（地基承载力、压缩性、加固影响深度等）确定施工时每一遍夯击的最佳夯击能、每一点的最佳夯击数、各夯击点间的间距以及前后两遍锤击之间的间歇时间（孔隙承压力消散时间）等提供依据。

强夯法施工过程中还应对现场地基土层进行一系列对比的观测工作，包括：地面沉降测定；孔隙水压力测定；侧向压力、振动加速度测定等。对强夯加固后效果的检验可采用原位测试的方法，如现场十字板、动力触探、静力触探、荷载试验、波速试验等；也可采用室内常规试验、室内动力固结试验等。

近年来国内外有采用强夯法作为软土的置换手段，用强夯法将碎石挤入软土形成碎石垫层或间隔夯入形成碎石墩（桩），构成复合地基，该方法已列入相关的行业规范。

强夯法除了尚无完整的设计计算方法，施工前后及施工过程中需进行大量测试工作外，还有噪声大、振动大等缺点，不宜在建筑物或人口密集处使用；加固范围较小时不经济。

8.5.3 振冲法

振冲法主要的施工机具是振冲器、吊机和水泵。振冲器是一个类似插入式混凝土振捣器的机具，其外壳直径为 0.2～0.45m，长 2～5m，重约 20～50kN，筒内主要由一组偏心块、潜水电机和通水管三部分组成，如图 8-15 所示。

振冲器有两个功能，一是产生水平向振动力（40～90kN）作用于周围土体；二是从端部和侧部进行射水和补给水。振动力是加固地基的主要因素，射水协助振动力使振冲器钻进成孔，并在成孔后清孔，实现护壁作用。

施工时，由吊车或卷扬机就位（图 8-15），打开下喷水口，启动振冲器，在振动力和水冲作用下，在土层中形成孔洞，直至设计标高。然后经过清孔，用循环水带出孔中稠泥浆后，向桩孔逐段添加填料（粗砂、砾砂、碎石、卵石等），填料粒径不宜大于 80mm，碎石常用粒径 20~50mm，每段填料均在振冲器振动作用下振挤密实，达到要求密实度后就可以上提，重复上述操作直至地面，从而在地基中形成一根具有相当直径的密实桩体，同时孔周围一定范围的土也被挤密。孔内填料的密实度可以从振动所耗的电量来反映，通过观察电流变化来控制。不加填料的振冲法密实法仅适用于处理黏粒含量不大于 10% 的粗砂、中砂地基。

振冲法的显著优点是用一个较轻便的机具，将强大的水平振动（有的振冲器也附有垂直向的振动）直接传递到深度达 20m 的软弱地基内，施工设备较简单，操作方便，施工速度快，造价较低。其缺点是加固地基时要排出大量的泥浆，环境污染比较严重。

根据加固机理不同，振冲法可分为振冲密实和振冲置换两类。

振冲密实法的工作原理为：加固砂类地基时，在振冲器反复水平振动和冲水的作用下，周围土体在径向的一定范围内出现瞬间的结构破坏，抗剪强度降低，土颗粒重新排列，相对密度提高，达到提高强度、减少沉降、防止液化的加固目的。

振冲置换法的工作原理为：加固软黏土地基时，利用振冲器反复水平振动和冲水的作用，在加固土体中成孔，并振填碎石，形成碎石桩，构成碎石与加固土体的复合地基。碎石桩自身强度高于加固土体，并可发挥一定排水作用，加速土体固结。

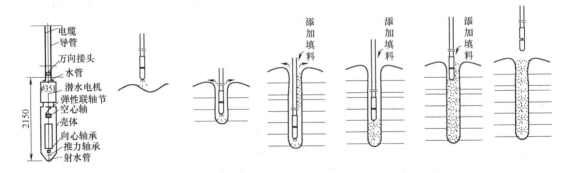

图 8-15　振冲器示意图及振动施工过程

振冲法处理最有效的土层为砂类土和粉土，其次为黏粒含量较小的黏性土，对于黏粒含量大于 30% 的黏性土，则挤密效果明显降低，主要产生置换作用。振冲桩加固砂类土的设计计算，类似于挤密砂桩的计算，即根据地基土振冲挤密前后孔隙比进行计算；对黏性土地基应按复合地基理论进行计算，另外也可通过现场试验获得各项参数。当缺乏资料时，可参考表 8-4 进行设计。

振冲法加固砂性土地基，宜在加固半个月后进行效果检验，黏性土地基则至少要 1 个月后才能进行检验。检验加固效果可采用静载试验、标准贯入试验、静力触探或土工试验等方法，对加固前后进行对比分析。

156

加固方法	振冲置换法	振冲密实法
孔位的布置	等边三角形和正方形	等边三角形和正方形
孔位的间距和桩长	孔位间距应根据荷载大小、原地基土的抗剪强度确定,可取 1.5～2.5m。荷载大或原土强度低时,宜取较小间距;反之,宜取较大间距。对桩端未达到相对硬层的短桩,应取小间距。桩长的确定,当相对硬层的埋深不大时,按其深度确定,当相对硬层的埋深较大时,按地基的变形允许值确定。桩长不宜短于 4m。在可液化的地基中,桩长应按要求的抗震处理深度确定。桩直径按所用的填料量计算,常为 0.8～1.2m	孔位的间距视砂土的颗粒组成、密实要求、振冲器功率等确定,砂的粒径越细,密实要求越高,则间距越小。使用 30kW 振冲器,间距一般为 1.3～2.0m;55kW 振冲器,间距可为 1.4～2.5m;使用 75kW 大型振冲器,间距可加大到 1.6～3.0m
填料	碎石、卵石、角砾、圆砾等硬质材料,最大直径不宜大于 80mm,对碎石常用粒径为 20～50mm	宜用碎石、卵石、角砾、圆砾、砾砂、粗砂、中砂等硬质材料,在施工不发生困难的前提下,粒径越粗,加密效果越好

8.6　化学固化法

化学固化法是在软土地基土中掺入水泥、石灰等,用喷射、搅拌等方法使其与土体充分混合固化;或把一些能固化的化学浆液(水泥浆、水玻璃、氯化钙溶液等)注入地基土孔隙,以改善地基土的物理力学性质,达到加固目的。按加固材料的状态可分为粉体类(水泥、石灰粉末)和浆液类(水泥浆及其他化学浆液)。按施工工艺可分为低压搅拌法(粉体喷射搅拌桩、水泥浆搅拌桩)、高压喷射注浆法(高压旋喷桩等)和胶结法(灌浆法、硅化法)三类。

8.6.1　粉体喷射搅拌(桩)法和水泥浆搅拌(桩)法

深层搅拌法是用于加固饱和软黏土地基的一种新方法,它是通过深层搅拌机械,在地基深处,利用固化剂与软土之间所产生的一系列物理化学反应,使软土固化成具有整体性、水稳性和一定强度的桩体,与桩间土组成复合地基。固化剂主要采用水泥、石灰等材料,与砂类土或黏性土搅拌均匀,在土中形成竖向加固体。它对提高软土地基承载能力,减小地基的沉降量有明显效果。

当采用的固化剂形态为浆液固化剂时,常称为水泥浆搅拌桩法,当采用粉状固化剂时,常称为粉体喷射搅拌(桩)法。这两者的加固原理、设计计算方法和质量检验方法基本一致,但施工工艺有所不同。

1. 粉体喷射搅拌法(粉喷桩法)

粉体喷射搅拌法是通过专用的施工机械,将搅拌钻头下沉到预计孔底后,用压缩空气将固化剂(生石灰或水泥粉体材料)以雾状喷入加固部位的地基土,凭借钻头和叶片旋转使粉体加固料与软土原位搅拌混合,自下而上边搅拌边喷粉,直到设计停灰标高。为保证质量,可再次将搅拌头下沉至孔底,重复搅拌。

粉体喷射搅拌法的优点是以粉体作为主要加固料,不需向地基注入水分,因此加固后地基土初期强度高，可以根据不同土的特性、含水量、设计要求合理选择加固材料及配合比，对于含水量较大的软土，加固效果更为显著；施工时不需高压设备，安全可靠，如严格遵守操作规程，可避免对周围环境产生污染、振动等不良影响。其缺点是由于目前受施工工艺的限制，加固深度不能过深，一般为 8～15m。

粉体喷射搅拌法的加固机理因加固材料的不同而稍有不同，当采用石灰粉体喷搅加固软黏土，其原理与公路常用的石灰加固土基本相同。石灰与软土主要发生如下作用：石灰的吸水、发热、膨胀作用；离子交换作用；碳酸化作用（化学胶结反应）；火山灰作用（化学凝胶作用）以及结晶作用。这些作用使土体中水分降低，土颗粒凝聚形成较大团粒，同时土体化学反应生成复合水化物 $4CaO \cdot Al_2O_3 \cdot 13H_2O$ 和 $2CaO \cdot Al_2O_3 \cdot SiO_2 \cdot 6H_2O$ 等在水中逐渐硬化，而与土颗粒黏结从而提高了地基土的物理力学性质。当采用水泥作为固化剂材料时，其加固软黏土的原理是在加固过程中发生水泥的水解和水化反应（水泥水化成氢氧化钙、含水硅酸钙、含水铝酸钙、含水铁铝酸钙等化合物，在水中和空气中逐渐硬化）、黏土颗粒与水泥水化物的相互作用（水泥水化生成钙离子与土粒的钠、钾离子交换，使土粒形成较大团粒的硬凝反应）和碳酸化作用（水泥水化物中游离的氢氧化钙吸收二氧化碳生成不溶于水的碳酸钙）三个过程。这些反应使土颗粒形成凝胶体和较大颗粒；颗粒间形成蜂窝状结构；生成稳定的不溶于水的结晶化合物，从而提高软土强度。

石灰、水泥粉体加固形成的桩柱的力学性质、变形幅度相差较大，主要取决于软土特性、掺合料种类、质量、用量、施工条件及养护方法等。石灰用量一般为干土重的 6%～15%，软土含水量以接近液限时效果较好，水泥掺入量一般为干土重 5% 以上（7%～15%）。粉体喷射搅拌法形成的粉喷桩直径为 50～100cm，加固深度可达 10～30m。石灰粉体形成的加固桩柱体抗压强度可达 800kPa，压缩模量 20000～30000kPa，水泥粉体形成的桩柱体抗压强度可达 5000kPa，压缩模量 100000kPa 左右，地基承载力一般提高 2～3 倍，沉降量减少 1/3～2/3。粉体喷射搅拌桩加固地基的设计计算可参照复合地基设计。桩柱长度确定原则与砂桩相同。

粉体喷射搅拌桩施工作业顺序如图 8-16 所示。

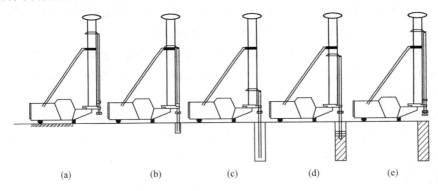

图 8-16 粉体喷射搅拌桩施工作业顺序

（a）搅拌机对准桩位；（b）下钻；（c）钻进结束；（d）提升喷射搅拌；（e）提升结束

施工结束后，对加固的地基应作质量检验，包括标准贯入试验、取芯抗压试验、载荷试验等。桩柱体的强度、压缩模量、搅拌的均匀性以及尺寸均应符合设计要求。我国粉体材料资源丰富，粉体喷射搅拌法常用于公路、铁路、水利、市政、港口等工程软土地基的加固，较多用于边坡稳定或深基坑支护结构。被加固软土中有机质含量不应过多，否则该工法的加固效果不好。

2. 水泥浆搅拌法（深搅桩法）

水泥浆搅拌法是用回转的搅拌叶将压入软土内的水泥浆与周围软土强制拌合形成水泥加固体。搅拌机由电动机、中心管、输浆管、搅拌轴和搅拌头组成，并有灰浆搅拌机、灰浆泵等配套设备。我国生产的搅拌机有单搅头和双搅头两种，加固深度达 30m，形成的桩柱体直径 60～80cm（双搅头形成 8 字形桩柱体）。

水泥浆搅拌法加固原理和水泥粉喷搅拌桩基本相同，与粉体喷射搅拌法相比有其独特的优点：①加固深度加深；②由于将固化剂和原地基软土就地搅拌，因而最大限度利用了原土；③搅拌时不会侧向挤土，环境效应较小。

施工顺序大致为：在深层搅拌机起吊就位后，搅拌机先沿导向架切土下沉；下沉到设计深度后开启灰浆泵，将制备好的水泥浆压入地基；边喷边旋转搅拌头并按设计确定提升速度，进行提升、喷浆、搅拌作业，使软土与水泥浆搅拌均匀，提升到设计标高后再次控制速度将搅拌头搅拌下沉，到设计加固深度后再搅拌提升出地面。为控制加固体的均匀性和加固质量，施工时应严格控制搅拌头的提升速度，并保证喷压阶段不出现断桩现象。

加固形成桩柱体的强度与加固时所用水泥强度等级、用量、被加固土含水量等有密切关系，应在施工前通过现场试验取得有关数据，一般用强度等级 42.5 的水泥，水泥用量为加固土干重度的 2%～15%，3 个月龄期试块变形模量可达 75000kPa，抗压强度1500～3000kPa（加固软土含水量 40%～100%）。按复合地基设计计算加固后的软土地基的承载力可提高 2～3 倍以上，沉降量减少，稳定性也明显提高，且施工方便。水泥浆搅拌法是目前公路、铁路厚层软土地基加固常用技术措施，也用于深基坑支护结构、港口码头护岸等。由于水泥浆与原地基软土搅拌结合对周围建筑物影响很小，施工无振动噪声，对环境无污染，更适用于市政工程。

8.6.2　高压喷射注浆法

高压喷射注浆法是 20 世纪 60 年代后期由日本提出的，我国在 20 世纪 70 年代开始用于桥墩、房屋等的地基处理。它是利用钻机将带有喷嘴的注浆管钻进至土层的预定位置后，以 20MPa 左右的高压将加固用浆液（一般为水泥浆）从喷嘴喷射出，冲击土层，土层在高压喷射流的冲击力、离心力和重力等作用下，与浆液搅拌混合，浆液凝固后，便在土中形成一个固结体。

高压喷射注浆法按喷射方向和形成固体的形状可分为旋转喷射、定向喷射和摆动喷射三种。旋转喷射时喷嘴边喷边旋转和提升，固结体呈圆柱状，主要用于加固地基；定向喷射喷嘴边喷边提升，喷射定向的固结体呈壁状；摆动喷射固结体呈扇状墙。此方式常用于基坑防渗和边坡稳定等工程。按注浆的基本工艺可分为单管法（浆液管）、二重管法（浆液管和气管）、三重管法（浆液管、气管和水管）和多重管法（水管、气管、浆液管和抽泥浆管等）。

高压喷射注浆法适用于砂类土、黏性土、湿陷性黄土、淤泥和人工填土等土类，加固直径（厚度）为 0.5～1.5m，固结体抗压强度（强度等级为 42.5 的水泥 3 个月龄期），加固软土为 5～10MPa，加固砂类土为 10～20MPa。对于砾石粒径过大，含腐殖质过多的土加固效果较差；在地下水流较大，对水泥有严重腐蚀的地基土不宜采用此方法加固。

旋喷法加固地基的施工程序如图 8-17 所示，图中①表示钻机就位后先进行射水试验；②、③表示钻杆旋转射水下沉，直到设计标高为止；④、⑤表示压力升高到 20MPa 喷射浆液，钻杆以约 20r/min 的速度旋转，提升速度约为每喷射 3 圈提升 25~50mm，这与喷嘴直径、加固土体所需加固液量有关（加固液量经试验确定）；⑥表示已旋喷成桩，再移动钻机重新以②~⑤步加固土层。

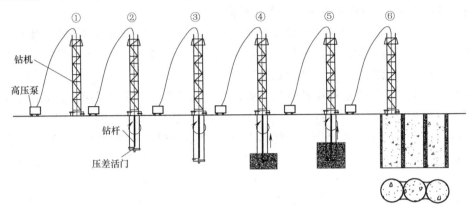

图 8-17　旋喷法的施工过程

旋喷桩的平面布置可根据加固需要确定，当喷嘴直径为 1.5~1.8mm，压力为 20MPa时，形成的固结桩柱体的有效直径可参考下列经验公式估算：

对于标准贯入击数 $N=0~5$ 的黏性土

$$D=\frac{1}{2}-\frac{1}{200}N^2 \text{（m）} \tag{8-22}$$

对于 $N=5~15$ 的砂类土

$$D=\frac{1}{1000}(350+10N-N^2) \text{（m）} \tag{8-23}$$

此方法因加固费用较高，只在其他加固方法效果不理想等情况下选用。

8.6.3　胶结法

1. 灌浆法

灌浆法，也称注浆法，利用压力或电化学原理通过注浆管将加固浆液注入地层中，以浆液渗入土粒间或岩石裂隙中，经一定时间后，浆液将松散的土体或缝隙岩体胶结成整体，形成强度大、防渗性能好的人工地基。

灌浆法可分为压力灌浆和电动灌浆两类。压力灌浆是常用的方法，其是在大小压力下使水泥浆液或化学浆液挤压充填土的孔隙或岩层缝隙。电动灌浆是在施工中以注浆管为阳极，滤水管为阴极，通过直流电电渗作用使孔隙水由阳极流向阴极，在土中形成渗浆通道，化学浆液随之渗入孔隙而使土体结硬。

灌浆法所用浆液材料有粒状浆液（纯水泥浆、水泥黏土浆和水泥砂浆等统称为水泥基浆液）和化学浆液（环氧树脂类、甲基丙烯酸酯类和聚氨酯等）两大类。

粒状浆液常用水泥浆液、水泥一般为强度等级 42.5 以上的普通硅酸盐水泥。由于含

160

有的水泥颗粒属粒状浆液，故对孔隙小的土层难于压进，只适用于粗砂、砾砂、大裂隙岩石等孔隙直径大于0.2mm的地基加固。如获得超细水泥，则适用于细砂等地基。水泥浆液有取材容易、价格便宜、操作方便、不污染环境等优点，是国内外常用的压力灌浆材料。

化学浆液中常用以水玻璃（$Na_2O \cdot nSiO_2$）为主剂的浆液，由于其具有无毒、价廉、流动性好等优点，在化学浆材中应用最多，约占90%。其他还有以丙烯酰胺为主剂和以纸浆废液木质素为主剂的化学浆液，它们性能较好，黏滞度低，能注入细砂等土中。但有的浆液价格较高，有的虽价廉源广，但有毒性，其使用受到限制。

2. 硅化法

利用硅酸钠（水玻璃）为主剂的化学浆液加固方法称为硅化法，现将其加固机理、设计计算、施工工作简要介绍。

（1）硅化法的加固机理

硅化法按浆液成分可分为单液法和双液法。单液法使用单一的水玻璃溶液，它较适用于渗透系数为0.1～0.2m/d的湿陷性黄土等地基加固。此时，水玻璃较易渗透入土中孔隙，与土中的钙质相互作用形成凝胶，而使土颗粒胶结成整体，其化学反应式为：

$$Na_2O \cdot nSiO_2 + CaSO_4 + mH_2O \rightarrow nSiO_2 \cdot (m-1)H_2O + Ca(OH)_2 + Na_2SO_4$$

双液法常用水玻璃-氯化钙溶液、水玻璃-水泥浆液或水玻璃-铝酸钠溶液等，可适用于渗透系数K大于2.0m/d的砂类土。以水玻璃-氯化钙溶液为例，其化学反应式为：

$$Na_2O \cdot nSiO_2 + CaCl_2 + mH_2O \rightarrow nSiO_2 \cdot (m-1)H_2O + Ca(OH)_2 + 2NaCl$$

浆液在土中凝成硅酸胶凝体，使土粒胶结成一定强度的土体。无侧限抗压强度可达1500kPa。对于受沥青、油脂、石油化合物等浸透以及地下水pH值大于9的地基土不宜采用硅化法加固。

（2）硅化法的设计计算

其加固范围及深度应根据地基承载力和要求沉降量验算确定，一般情况加固厚度不宜小于3m，加固范围的底面不小于由基底边缘按30°扩散的范围。化学浆液的浓度：水玻璃溶液此重为1.35～1.44，氯化钙此重为1.20～1.28，土的渗透系数高时取高值，渗透系数低时取低值。

浆液灌注量Q（体积）可按经验公式估算：

$$Q = kvn \tag{8-24}$$

式中　　v——拟加固土的体积；

　　　　n——加固前土的平均孔隙率；

　　　　k——系数，黏性土、细砂$k=0.3～0.5$，中砂、粗砂$k=0.5～0.7$，砂砾$k=0.7～1.0$，湿陷性黄土$k=0.5～0.8$。

如果用水玻璃-氯化钙浆液，两种浆液用量（体积）相同，灌注有效半径r应通过现场试验确定，它与土的渗透系数、压力值有关。一般r为0.3～1.0m；灌注间距常用1.75r，每排间距取1.5r。

（3）硅化法施工

浆液灌注有打管入土、冲洗管、试水、注浆及拔管等工序。注浆管采用内径19～38mm钢管，下端约0.5m段钻有若干直径2～5mm的孔眼，浆液由孔眼向外流出，用机械设备将注浆管打入土中，然后用泵压水冲洗注浆管以保证浆液能畅通灌入土中。试水即将清水压入注浆管，以了解土的渗透系数，以便调整浆液比重，确定有效灌注半径、灌注速度等。灌浆压力不应超过该处上覆土层的压力过多（有土上荷重者除外），一般灌注压力随深度变化，每增加1m可增大20～50kPa。灌浆速度应以在浆液胶凝时间以前完成一次灌注量为宜，可根据土的渗透系数以压力控制速度，一般情况砂类土为0.001～0.005 m³/min，渗透性好的土层选用高值，否则用低值。灌浆宜按孔间隔进行，每孔灌浆次序与土层渗透系数变化有关，如加固土渗透系数相同，应先上后下灌注，不同时应先灌注渗透系数大的土层。灌浆后应立即拔出注浆管并进行清洗。在软黏土中，土的渗透性很低，压力灌注法效果极差，可采用电动硅化法代替压力灌注法。但电动硅化法由于受灌注范围、电压梯度、电极布置等条件限制，仅适用于较小范围的地基加固。硅化法加固地基在公路上仅用于少数已有构造物地基的加固。

8.7 土工合成材料加筋法

目前，土工合成新材料中，具有代表性的有土工格栅、土工网及其组合产品。在近二十年中，这类材料相继在岩土工程中应用并获得成功，成为建材领域中继木材、钢材和水泥之后的第四大类材料，目前已成为土工加筋法中最具代表性的加筋材料，并被誉为岩土工程领域的一次"革命"，已成为岩土工程学科中的一个重要分支。

土工合成材料总体分类见图8-18。

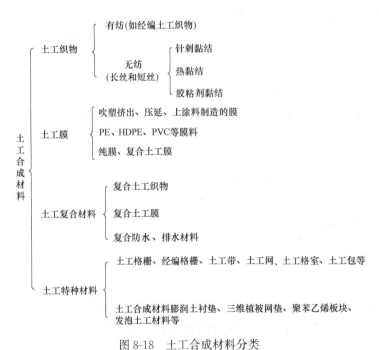

图 8-18　土工合成材料分类

土工合成材料一般具有多种功能，在实际应用中，往往是一种功能起主导作用，而其他功能则不同程度地发挥作用。土工合成材料的功能包括隔离、加筋、反滤、排水、防渗和防护六大类。各类土工合成材料应用中的主要功能见表8-5。

各类土工合成材料的主要功能 表 8-5

功能\类型	土工合成材料的功能分类					
	隔离	加筋	反滤	排水	防渗	防护
土工织物(GT)	P	P	P	P	P	S
土工格栅(GG)		P				
土工网(GN)				P		P
土工膜(GM)	S				P	S
土工垫块(GCL)	S				P	
复合土工材料(GC)	P 或 S	P 或 S	P 或 S	P 或 S	P 或 S	P 或 S

注：P 表示主要功能，S 表示辅助功能。

1. 土工合成材料的排水反滤作用

用土工合成材料代替砂石作反滤层，能起到排水反滤作用。

（1）排水作用

具有一定厚度的土工合成材料具有良好的三维透水特性，利用这一特性可以使水经过土工合成材料的平面迅速沿水平方向排走，也可和其他排水材料（如塑料排水板等）共同构成排水系统或深层排水井，如图 8-19 所示为土工合成材料埋设方法。

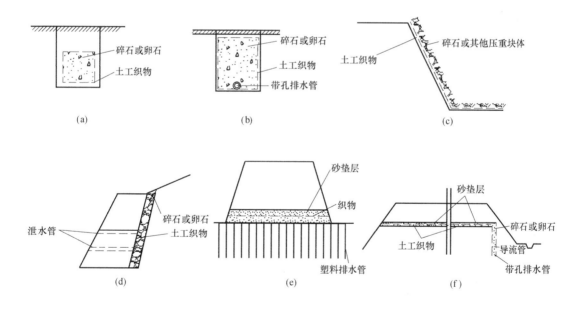

图 8-19　土工材料用于排水过滤的典型实例

（a）暗沟；（b）渗沟；（c）坡面防护；（d）支挡结构壁墙后排水；（e）软基路堤地基表面排水垫层；

（f）处治翻浆冒泥和季节性冻土的导流沟

（2）反滤作用

在渗流出口铺设土工合成材料作为反滤层，这和传统的砂砾石滤层一样，均可以提高被保护土的抗渗强度。多数土工合成材料在单向渗流的情况下，紧贴在土体中，细颗粒逐渐向滤层移动，同时还有部分细颗粒通过土工合成材料被带走，留下来的是较粗的颗粒；

163

从而与滤层相邻一定厚度的土层逐渐自然形成一个反滤带和一个骨架网，阻止土粒继续流失，最后趋于稳定平衡。即土工合成材料与其相邻接触部分土层共同形成了一个完整的反滤系统。具有这种排水作用的土工合成材料，要求在平面方向有较大的渗透系数。具有相同孔径尺寸的无纺土工合成材料和砂的渗透性大致相同。但土工合成材料的孔隙率比砂高得多，其密度约为砂的 $1/10$，因而当它与砂具有相同的反滤特征时，所需质量比砂少 90%。此外，土工合成材料滤层的厚度为砂砾反滤层的 $1/1000\sim1/100$，之所以如此，是因为土工合成材料的结构保证了它的连续性。

此外，土工合成材料放在两种不同的材料之间，或用在同一材料不同粒径之间以及地基与基础之间会起到隔离作用，不会使两者之间相互混杂，从而保持材料的整体结构和功能。

2. 土工合成材料的加筋作用

当土工合成材料用作土体加筋时，其基本作用是给土体提供抗拉强度。其应用范围有：土坡和堤坝，地基，挡土墙。

（1）用于加固土坡和堤坝

高强度的土工合成材料在路堤工程中有以下加筋用途：

① 可使边坡变陡，节省占地面积；

② 防止滑动圆弧通过路堤和地基土；

③ 防止路堤下面发生因承载力不足而破坏；

④ 跨越可能的沉陷区等。

图 8-20 中，由于土工合成材料"包裹"作用阻止土体的变形，从而增强土体内部的强度以及土坡的稳定性。

（2）用于加固地基

由于土工合成材料具有较高的强度和韧性等力学性能，且能紧贴于地基表面，使其上部施加的荷载能均匀分布到地层中。当地基可能产生冲切破坏时，铺设的土工合成材料将阻止破坏面出现，从而提高地基承载力。当受集中荷载作用时，在较大的荷载作用下，高模量的土工合成材料受力后将产生一垂直分力，抵消部分荷载。根据筑防波堤的经验，沉入软土中的体积等于防波堤的原设计断面，由于软土地基的扭性流动，铺垫土周围的地基向侧面隆起。如将土工合成材料铺设在软土地基的表面，由于其承受拉力和土的摩擦作用而增大侧向限制，阻止侧向挤出，从而减小变形，增大地基的稳定性。在沼泽地、泥炭土和软黏土上建造临时道路是土工合成材料最重要的用途之一。

利用土工合成材料在建筑物地基中加筋已开始在我国大型工程中应用。根据实测的结果和理论分析，土工合成材料加筋垫层的加固原理主要是：①增强垫层的整体性和刚度，调整不均匀沉降；②扩散应力，由于垫层刚度增大，扩大了荷载扩散的范围，使应力均匀分布；③约束作用，即约束下卧软弱土地基的侧向变形。

（3）用于加筋土挡墙

在挡土结构的土体中，每隔一定距离铺设土工合成材料时可起到加筋作用。作为短期或临时性的挡墙，可只用土工合成材料包裹着土、砂来填筑，但这种包裹式墙面的形状常常是畸形的，外观难看。为此，有时采用砖面的土工合成材料加筋土挡墙，可得到令人满意的外观。对于长期使用的挡墙，往往采用混凝土面板。

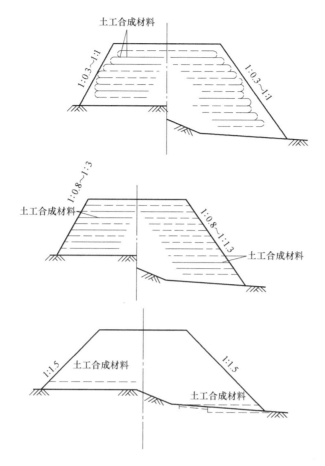

图 8-20 合成材料加固路堤

土工合成材料作为拉筋时一般要求有一定的刚度，新发展的土工格栅能很好地与土结合。与金属筋材相比，土工合成材料不会因腐蚀而失效，所以它能在桥台、挡墙、海岸和码头等支挡结构的应用中获得成功。

3. 土工合成材料在应用中的问题

（1）施工方面

1）铺设土工合成材料时应注意均匀平整；在斜坡上施工时应保持一定的松紧度；在护岸工程坡面上铺设时，上坡段土工合成材料应搭接在下坡段土工合成材料之上。

2）对土工合成材料的局部地方，不要加过重的局部应力。如果用块石保护土工合成材料，应将块石轻轻铺放，不得在高处抛掷，块石下落的高度大于 1m 时，土工合成材料很可能被破坏。如块石下落的情况不可避免时，应在土工合成材料上先铺砂层保护。

3）土工合成材料用于反滤层作用时，要求保证连续性，不使其出现扭曲、折皱和重叠。

4）在存放和铺设过程中，应尽量避免长时间的曝晒而使材料劣化。

5）土工合成材料的端部要先铺填，中间后填，端部锚固必须精心施工。

6）不要使推土机的刮土板损坏所铺填的土工合成材料。当土工合成材料受到损坏时，应立即修补。

（2）连接方面

土工合成材料是按一定规格的面积和长度在工厂进行定型生产，因此这些材料运到现场后必须进行连接。连接时可采用搭接、缝合、胶结或 U 形钉钉住等方法（图 8-21）。

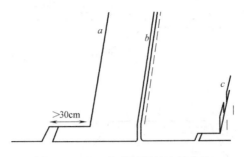

图 8-21　土工合成材料的连接方法
a—搭接；b—缝合；c—用 U 形钉钉住

采用搭接法时，必须保持足够的搭接长度，一般在 0.3～1.0m 之间。对于搭接长度：坚固和水平的路基一般为 0.2m，软的和不平的路基则需 1m。在搭接处应尽量避免受力，以防土工合成材料移动。搭接法施工简便，但用料较多。

缝合法是指用移动式缝合机，将尼龙或涤纶线面对面缝合，缝合处的强度一般可达纤维强度的 80%，缝合法节省材料，但施工费时。

（3）材料方面

土工合成材料在使用中应防止曝晒和被污染，在作为加筋土中的筋带使用时，应具有较高的强度，受力后变形小，能与填料产生足够的摩擦力，抗腐蚀性和抗老化性好。

本 章 小 结

1. 各类建筑物的地基处理需要解决的技术问题可概括为四个方面：地基的强度与稳定性问题；地基的变形问题；地基的渗漏与溶蚀；地基振动液化。

2. 软弱土是指淤泥、淤泥质土、部分冲填土、杂填土或其他高压缩性土。由软弱土构成的地基称为软弱土地基。

3. 地基处理的目的主要是改善地基土体的工程性质，使地基能够达到建筑物对地基强度、稳定性和变形的要求。按照各地基处理方法的基本原理，可以将地基处理方法的机理分为三大类：土质改良、土的置换和土的加固和补强。

4. 地基的工程地质条件是千变万化的，工程对地基的要求也是不尽相同的，材料、施工机具和施工条件等存在显著差别，没有哪一种地基处理方法是万能的。对于每一工程必须进行综合考虑，通过方案的比选，选择一种技术可靠、经济合理、施工可行的方案，既可以是单一的地基处理方法，也可以是多种方法的综合处理。

思考题与练习题

一、简答题

1. 地基处理的目的是什么？常用的地基处理方法有哪些？其适用范围是什么？

2. 试述换填垫层的作用与适用范围，如何计算垫层厚度和宽度？

3. 强夯法适宜处理哪些地基？其处理地基的原理是什么？

4. 试述预压地基的加固机理及适用范围。

5. 砂井堆载预压法的设计需要考虑哪些因素？

6. 简述挤密砂桩法的原理、设计要点、施工工艺。

7. 简述振冲置换和振冲密实两类地基处理方法的适用范围及特点。

8. 简述化学固化法处理地基的原理及使用范围。

9. 对比水泥浆搅拌法和水泥粉喷搅拌桩加固地基的特点。

10. 土工合成材料在地基处理应用中应注意哪些问题？

二、计算题

1. 某五层砖石混合结构的住宅建筑，墙下为条形基础，宽 1.2m，埋深 1m，上部建筑物作用于基础上的荷载为 150kN/m。地基土表层为粉质黏土，厚 1m，重度 $\gamma=17.8kN/m^3$；第二层为淤泥质黏土，厚 15m，重度 $\gamma=17.5kN/m^3$，地基承载力 $f_{ak}=50kPa$；第三层为密实砂砾石。地下水距地表 1m。因地基土比较软弱，不能承受上部荷载，试设计砂垫层的厚度和宽度。

2. 某工程建在饱和软黏土地基上，砂桩长 12m，$d=1.5m$，正三角形布置，$d_w=30cm$，$C_v=C_h=1\times10^{-3}cm^2/s$。试求一次加荷 3 个月时砂井地基的平均固结度。

3. 某工程的地基为淤泥质黏土层，受压土层厚度 18m，固结系数 $C_v=1.5\times10^{-3}cm^2/s$，$C_h=2.95\times10^{-3}cm^2/s$。拟用堆载预压法进行地基处理，袋装砂井直径 $d_w=70mm$，等边三角形布置，间距 $l=1.6m$，深度 $H=18m$，砂井底部为不透水层，砂井打穿受压土层。预压荷载总压力 $p=100kPa$，分两级等速加载。计算加载 120 天时受压土层的平均固结度（不考虑竖井井阻和涂抹影响）。

4. 建筑物建在饱和软黏土地基上，采用砂桩加固，砂桩直径 $d=0.6m$，正三角形布置，软黏土地基的孔隙比 $e_1=0.85$，$\gamma=16kN/m^3$，$G_s=2.65$，$e_{max}=0.9$，$e_{min}=0.55$。按抗震要求设计，加固后地基的相对密度 $D_r=0.6$。试求砂桩的中心距 L。

5. 某桩基面积为 4.5m×3m，地基土属于滨海相沉积的粉质黏土，现场十字板剪切强度 $c_u=22kPa$，天然地基的承载力特征值为 75kPa。要求地基处理后地基承载力特征值为 120kPa。经过方案比较后，拟采用振冲碎石桩处理地基，若布置 6 根碎石桩，桩长 8m，正方形布置，间距 1.5m。碎石桩平均直径为 800mm，加固后的地基承载力能满足要求吗？

参 考 文 献

[1] 周景星，李广信，张建红，虞石民，王洪瑾主编. 基础工程（第 3 版）[M]. 北京：清华大学出版社，2015.

[2] 龚晓南，谢康和主编. 基础工程 [M]. 北京：中国建筑工业出版社，2015.

[3] 莫海鸿，杨小平主编. 基础工程（第三版）[M]. 北京：中国建筑工业出版社，2014.

[4] 华南理工大学等主编. 基础工程 [M]. 北京：中国建筑工业出版社，2003.

[5] 中华人民共和国国家标准. 建筑地基基础设计规范 GB 50007—2011 [S]. 北京：中国建筑工业出版社，2011.

[6] 中华人民共和国国家标准. 砌体结构设计规范 GB 50003—2011 [S]. 北京：中国建筑工业出版社，2011.

[7] 袁聚云，汤永净主编. 土力学复习与习题（第 2 版）[M]. 上海：同济大学出版社，2010.

[8] 吴曙光主编. 土力学 [M]. 重庆：重庆大学出版社，2016.

[9] 惠渊峰主编. 土力学与地基基础 [M]. 武汉：武汉理工大学出版社，2011.

[10] 张力霆，梁金国主编. 土力学与地基基础（第三版）[M]. 北京：高等教育出版社，2014.

[11] 李大美，杨小亭主编. 水力学（第二版）[M]. 武汉：武汉大学出版社，2015.

[12] 李镜培，梁发云，赵春风编著. 土力学（第 2 版）[M]. 北京：高等教育出版社，2008.

[13] 袁聚云，钱建固，张宏鸣，梁发云编著. 土质学与土力学（第四版）[M]. 北京：人民交通出版社，2014.

[14] 高大钊主编. 土力学与基础工程 [M]. 北京：中国建筑工业出版社，1998.

[15] 袁聚云主编. 土工试验与原理 [M]. 上海：同济大学出版社，2003.

[16] 钱家欢，殷宗泽主编. 土工原理与计算 [M]. 北京：中国水利水电出版社，1996.

[17] 林宗元主编. 岩土工程试验监测手册 [M]. 沈阳：辽宁科学技术出版社，1994.

[18] 唐益群，叶为民主编. 土木工程测试技术手册 [M]. 上海：同济大学出版社，1999.

[19] 吴世明主编. 土动力学 [M]. 北京：中国建筑工业出版社，2000.

[20] 高大钊主编. 软土地基的理论与实践 [M]. 北京：中国建筑工业出版社，1992.

[21] 中华人民共和国国家标准. 岩土工程勘察规范 GB 50021—2001（2009 年版）[S]. 北京：中国建筑工业出版社，2009.

[22] 中华人民共和国国家标准. 土工试验方法标准 GB/T 50123—2019 [S]. 北京：中国计划出版社，2019.

[23] 中华人民共和国行业标准. 土工试验规程 SL237—1999 [S]. 北京：中国水利水电出版社，1999.

[24] 中华人民共和国行业标准. 公路土工试验规程 JTG E40—2007 [S]. 北京：人民交通出版社，2007.

[25] 赵明华主编. 土力学与基础工程 [M]. 武汉：武汉工业大学出版社，2003.